AR内衣产品运营

内衣发展史

柯宇丹　王莹　杨雪梅　于芳

著

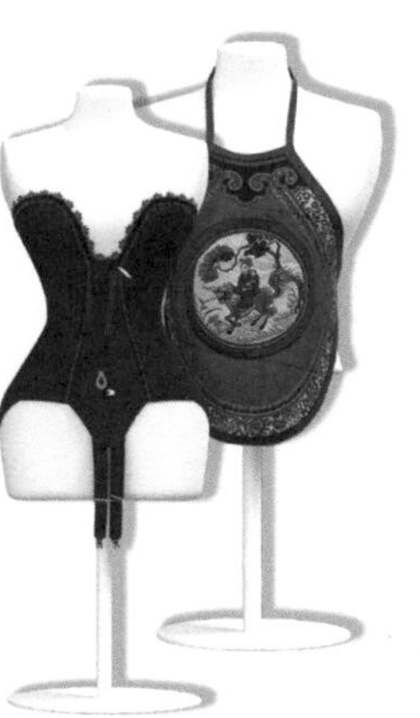

化学工业出版社

·北京·

内容简介

本书由塑身衣、文胸、内裤、家居服、泳装、肚兜六个部分构成。分别介绍了这六大品类的历史发展过程、形成背景、代表性款式、面料、图案色彩、工艺技术等知识。本书结合不同时代国家的内衣产品，分析了内衣造型原理、色彩搭配原则、文化创意概念，归纳总结出关于内衣的理论认知，为读者提供了设计创作的灵感来源，激发创造力。

本书结合增强现实技术（AR技术），将多媒体、三维建模、实时视频显示等新技术有效融合，给读者带来超现实的感官体验，能更高效、更快速、更便捷地培养服装设计思维。本书配套APP“内衣AR”软件，可在手机应用市场搜索并用安卓手机下载，安装后扫描书中图片，即可观看到对应的虚拟人模穿着展示的效果，款式的背景知识及创意视频等。本书既可作为高等院校服装专业的教学用书，又可作为服装从业人员的学习参考书。

图书在版编目（CIP）数据

内衣发展史 / 柯宇丹等著. — 北京：化学工业出版社，2023. 11
（AR内衣产品运营）
ISBN 978-7-122-44598-8

Ⅰ. ①内… Ⅱ. ①柯… Ⅲ. ①内衣－历史－世界 Ⅳ. ①TS941.713-091

中国国家版本馆CIP数据核字（2023）第243344号

责任编辑：李 琰 宋林青
责任校对：李雨函　　装帧设计：史利平

出版发行：化学工业出版社
（北京市东城区青年湖南街13号 邮政编码100011）
印 装：涿州市般润文化传播有限公司
787mm×1092mm 1/16 印张8¾ 字数203千字
2025年2月北京第1版第1次印刷

购书咨询：010-64518888
售后服务：010-64518899
网 址：http://www.cip.com.cn
凡购买本书，如有缺损质量问题，本社销售中心负责调换。

定 价：88.00元

Preface

本书是“AR内衣产品运营”丛书中的一员。本书从历史上遗留下来的画像、雕塑、实物等材料，通过对有限资料的梳理与研究，可以发现无论是在古代还是当下，内衣在社会生活及服饰文化中都有着重要的作用和地位。生活方式与社会思潮影响着内衣的用途，而面料技术的革新对内衣发展起到了很大的推动作用。无论男性还是女性，对内衣的选择都与当时的服装造型审美息息相关，内衣虽穿在里面，却为外衣时尚的流行塑造提供支持。

“AR内衣产品运营”丛书，由杨雪梅担任主编。本书的图文由柯宇丹、王莹负责，部分款式设计由于芳负责，虚拟网络教材手机版和PC版系统开发由杨雪梅总负责。

“AR内衣产品运营”丛书是“广东省高教厅重点平台——服装三维数字智能技术开发中心”的教学研究成果，相关内容可以在“服装三维数字智能技术开发中心”平台网站查询；也是广东省教育科学“十三五”规划研究项目“广东高校新工科服装设计集合式产业链教学——以内衣为例”（2020GXJK367）、广东省高等教育教学改革项目“数字博物馆融入服装史课程虚拟教学应用研究”和广东省虚拟仿真实验教学示范中心“内衣面料图案创意应用虚拟仿真实验教学项目”的研究成果。本书的出版要感谢惠州学院出版基金的资助，感谢服装三维数字智能技术开发中心平台的合作公司——深圳格林兄弟科技有限公司给予的大力支持。

著者

2024年1月

Contents

第一章
塑身衣的发展

Chapter 1

“塑”意指用材料构建。塑身衣是用来提升和夸张女性的胸部、背部和臀部，增强或削弱女性身体线条，掩盖身体缺陷的功能性服装。其一般是由能撑起形状、控制身体的定型制品制成，这些制品包括鲸须、藤条、马毛、钢铁、弹性纤维等。在历史上，塑身衣有不同形状与名称，例如束身衣、紧身胸衣，英文常用stays、bodies、corset。第一件塑身衣出现在文艺复兴时期，自此，塑身衣在西方服饰中占据了重要的地位，是构成西方服饰造型特色的一个必不可少的元素。在整形手术不发达的古代，人们只能依靠服饰来强化或改变自己的身体。塑身衣作为女性塑造理想形象的内衣，制作精致华美，偶尔外露参与到服装的整体搭配中。塑身衣在历史上虽然削弱了女性的活动机能，但它造就了穿着者的轮廓、优雅姿势和动态，一度成为身份和地位的象征。而人们对于身体美的认知随着时代的变化又有不同的展现，因此塑身衣的形态也在不断地演变。服装是一面很好的镜子，使当代的人得以管窥过去人们的想法与认知。不同的造型变化体现了不同时期社会的变迁。对于“人”“身体”及“社会”这三者之间的关系也在造型的流变中给予了不同的解答。

服装史研究中，对塑身衣具体的起源及初始功能存在着不同的看法。有人认为塑身衣诞生于古典时期。古希腊克里特岛出土的女神像与19世纪末的造型很相似，如图1-1所示。由于缺乏更多的考古材料和文献来支撑这一论述，这一论断并未被史学界所承认。图1-2所示为身着塑身衣的女子。从随后的发展来看，文艺复兴时期西班牙与意大利兴起的塑身衣，并未继承古希腊、古罗马时期的穿衣文化。另一种说法是，法国王后凯瑟琳·德·美第奇（Catherine de' Medici，1519—1589）在当时流行的铁质胸甲的基础上开创了塑身衣的穿法。这样的说法同样缺乏强有力的证据，只能成为一个传说。梳理历史材料可知，在15世纪末到16世纪初，已经出现有塑身衣的身影，但无法确定具体是哪位人物发明了这一穿着方式，更合理的推断应是塑身衣是在服装的变化中逐渐成型的。

图1-1　爱琴文明时期的雕像（希腊伊拉克翁考古博物馆藏）

图1-2 身着塑身衣的女子（19世纪末~20世纪初）

对于塑身衣的功能与意义也是众说纷纭。塑身衣帮助女性修饰自己的身材，展现女性独特的美感，增加自身的信心与魅力，同时还是女性社会地位的象征，是自我约束、气质高雅的象征。因此在几个世纪中，塑身衣渗透到社会的各个角落，上至宫廷贵妇，下至普通的劳动者，都将其放在衣橱内。然而塑身衣对于女性身体的束缚与压迫，使女性饱受皮肉之苦，成为人们否定其存在意义的原因。许多医生从卫生学的角度对其提出了诸多的批判，认为它是迫害妇女身体的元凶。有学者通过对维多利亚时期塑身衣的研究认为，塑身衣是男性社会用来控制女性，并通过它最大程度地展现女性性感身体的服饰，这在维多利亚时代得到了充分的体现。这些不同的理解与意见共同构成了对塑身衣的解读。由此可见，塑身衣不仅塑造与保护身体，更具备一定的社会含义，是一种身体的表达以及一种礼仪的表现。塑身衣的发展是各种因素综合推动的，服装设计师们对其不断地进行深入研究并呈现出更多的创新设计。

第一节 中世纪塑身衣的发展——开端与雏形

在中世纪禁欲主义思想的影响下，拜占庭式直线形的袍服成为主流。相较当下流行女性丰满的胸部造型，中世纪更推崇小而坚挺的胸部。在一首1170年的法国颂歌《Fierabras》中，就有对于当时理想胸型的描述。当时人们相信这样的胸型以及纤细的腰身是贞洁和年轻的象征。正是当时的这一审美趋势影响了服装的造型。我们通过当时的许多绘画作品、雕刻作品等都可以看到相关的形象。13世纪开始，意大利的许多城市成为东西贸易的中心。商贸活动的繁荣带来新思想与新阶层的兴起。到14世纪下半叶，由意大利开始的“文艺复兴”带来了新的服装造型。此时服装结构裁剪方式的变化，使服装结构从二维平面向三维立体转变，为随后塑身衣的造型方式奠定了基础。

在中世纪哥特式风格的影响下，女性的服装造型由原来的宽大长袍变得越来越合体。正如画中的圣母玛利亚那样，在亚麻布打底长罩衣外穿着前胸有细带的贴体长袍，如图1-3所示。这种厚亚麻布用浆液处理后使其变得更加硬挺，将胸部压平，控制和压平身材，加强了腹部的曲线。这种长袍被视为塑身衣的雏形之一。

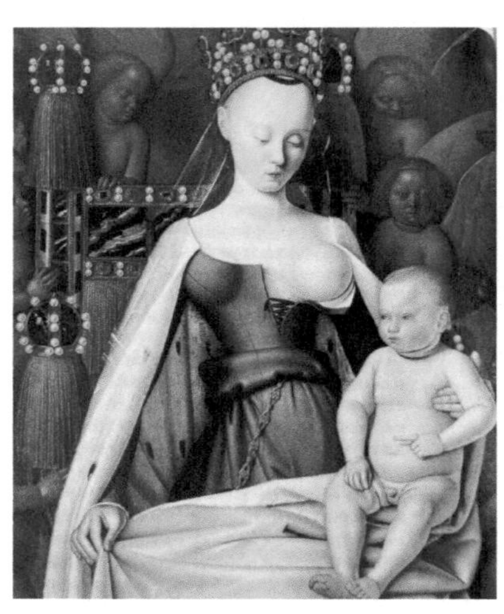

图1-3 《梅兰的圣母》（让·富凯，1452—1455）

第二节

16世纪塑身衣的发展——坚硬挺拔

在文艺复兴人文思想的影响下，人们对世界与自身有了新的认知。世俗政权的权力逐渐加强，宫廷贵族们的服饰时尚成为潮流的风向标。大航海时代的开启，新大陆以西班牙为代表的国家带来了源源不断的财富，使得其华美、威严的宫廷服饰成为欧洲其他国家竞相模仿的对象。贵族阶层为彰显自己的权力与地位，开始注重训练并保持自己身姿的挺拔优美。“上流社会很看重一个人高贵优雅又不失家教的行为举止，对形体的控制也是通过一系列从跳舞到穿衣打扮的社会活动来实现的。人们学会如何站立、如何行走、如何持扇和握剑。”硬挺的塑身衣能帮助贵族们塑造自己的身体与姿态。这也是塑身衣开始使用的一个前提条件。

人们在横跨大西洋的探险之旅中发现了大量鲸鱼。这一发现为制作塑身衣提供了一个绝佳的材料。鲸鱼骨成为此后一种常见的塑造身体和衣服造型的材料。“鲸鱼骨”这一称谓常使人误解，实际上它不是一块骨头，而是须鲸上颚周围发现的角质物质，更为准确地应该称为鲸须。它既有硬度又柔韧，可以沿着纹理切割成非常窄的长条，如图1-4和图1-5所示。鲸鱼骨被插入塑身衣衬里，创造出鲸鱼骨塑身衣。为了起到定型和更有力的收腰效果，在制作塑身衣时，通常在胸衣的前、侧、后不同部位纵向嵌入鲸鱼骨，穿时用绳子在后背或者前中勒紧。

图1-4 鲸须图片

图 1-5 处理好的鲸须作为配件待用

由于年代久远，如今流传下来比较完整的实物只有两件。一件是藏于德国巴伐利亚国立博物馆的绗缝丝质塑身衣（如图1-6所示），另一件是藏于英国威斯敏斯特大教堂的伊丽莎白一世的绗缝塑身衣（如图1-7所示）。对这两件胸衣的分析，能帮助我们更好地理解这个时期塑身衣的结构特征。

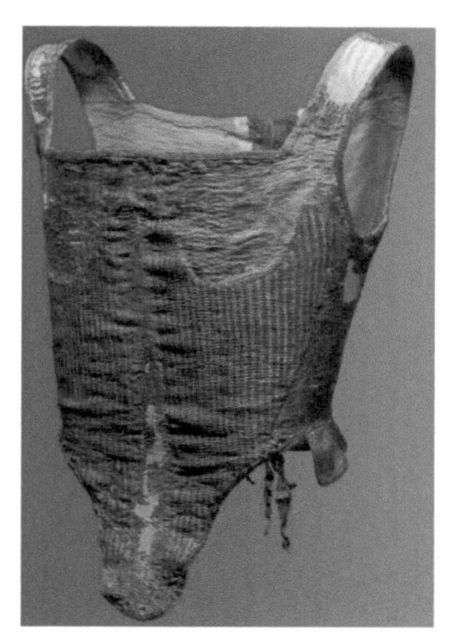

图1-6 16世纪的绗缝丝质塑身衣（德国巴伐利亚国立博物馆藏）

图1-7 英国伊丽莎白一世的绗缝塑身衣

一、绗缝丝质塑身衣

图1-6所示的这件胸衣是普法尔兹·纽伯格的多萝西·萨比娜（Dorothea Sabina of Pfalz-Neuberg）于1598年去世时穿着的，现藏于德国巴伐利亚国立博物馆。整件塑身衣呈倒三角形，前中向下延伸至腹部。从前侧腰部到后中心有6个小垂片（flap）。前片是一整片布，用丝线竖向绗缝出穿鲸须或者草杆的通道。这件塑身衣较特别的是，在胸部没有加上插鲸须的通道，以减少胸部的压迫感。前中约有5cm宽的通道，用来插入木质插片（现已遗失），使前中更加平整。不同于当代的服装，前后片在后侧相连，不在袖底。胸腰的差量在后侧这一开缝处收去，将人体上半身复杂的曲面简化成为平直的倒梯形。后中开口两端有手缝圆孔，用以穿系细带固定衣身。塑身衣穿在外袍里，将身体塑造得立体且硬挺，打开胸

衣内部的结构可以看到其身躯部分可以铺平成一平面，胸部与袖窿底都没有用鲸须或草杆支撑，如图1-8~1-10所示。

图1-8 塑身衣与外袍搭配的穿着效果及外袍前中细节

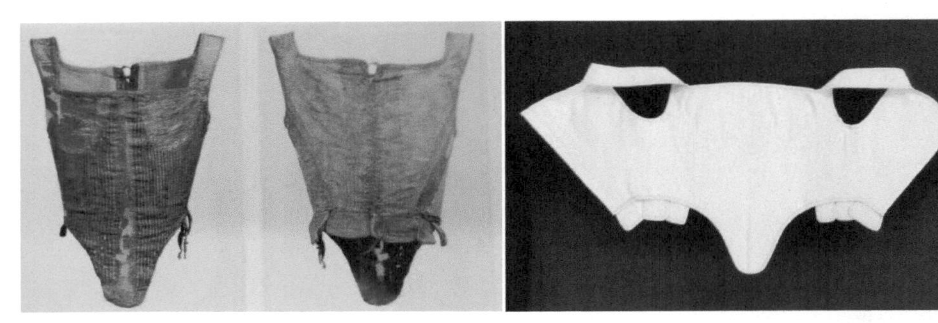

图1-9 塑身衣的前后图、复原件及细节展示

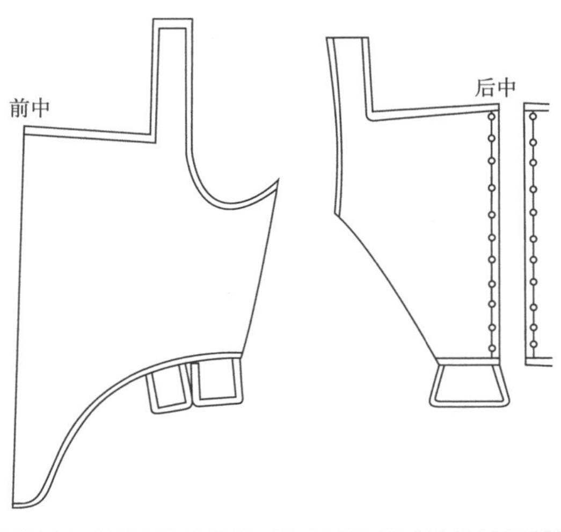

图1-10 塑身衣裁片结构图

二、伊丽莎白一世的绗缝塑身衣

英国女王伊丽莎白一世（1533—1603）是英国历史上杰出的君主之一。从她流传下来的众多肖像画中，可以看到夸张华丽的服饰成为其彰显个人地位和魅力的媒介。在其各时期的画像中，可以看到16世纪服装风潮的变化。图1-11所示为伊丽莎白一世不同时期的着装。从意大利式到西班牙式再到法式的轮廓造型的过渡，越来越夸张。在这一过程中，塑身衣一直帮助其塑造君主形象。在她留下来的衣橱清单和定制胸衣的订单中提到，御用裁缝威廉·詹姆斯（William James）帮其缝制多件塑身衣，其中有一件黑色的胸衣，内衬亚麻布，并用粗硬布料使之保持硬挺。遗憾的是，后人无法得见她极具代表性的服装，因为除了威斯敏斯特大教堂的塑身衣外都毁于1666年的伦敦大火中。这也正是这件塑身衣弥足珍贵的原因。由于其年代久远，研究者发现外层的丝质材料已经损坏，只余下里面绗缝的基底。这件塑身衣现藏于英国威斯敏斯特大教堂。

1546年

1569年

1585年

1592年

图1-11　伊丽莎白一世不同时期的着装

图1-7所示的塑身衣，由两层斜纹棉麻面料制成。整个衣身呈倒三角形，在前中开口。前中开口两端有手缝圆孔，以系细带的方式固定塑身衣。前中边缘胸部位置向外突出3.7cm，一方面以容纳胸部凸起的量，另一方面将胸部向前中推。在前开口两边各有1条宽1.2cm的鲸须加强前中。整件胸衣有0.4cm宽的竖向通道可插入鲸须，使整件塑身衣坚硬挺拔。前中也是向下延伸，使腹部同样平整。前侧到后中两边有三个开衩，形成下垂摆。肩带从后背延伸至前片用系带连接成背心。整体边缘用皮革包住。前后为平铺效果，腰围特别细，身长比较长，向前中延伸至腰线以下20cm。塑身衣的腰部没有在腰线处断开，鲸须通道也是一直延伸到小垂摆中，如图1-12~1-14所示。

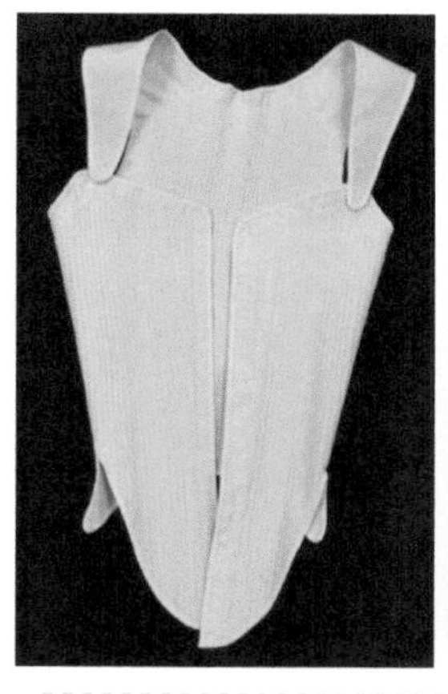

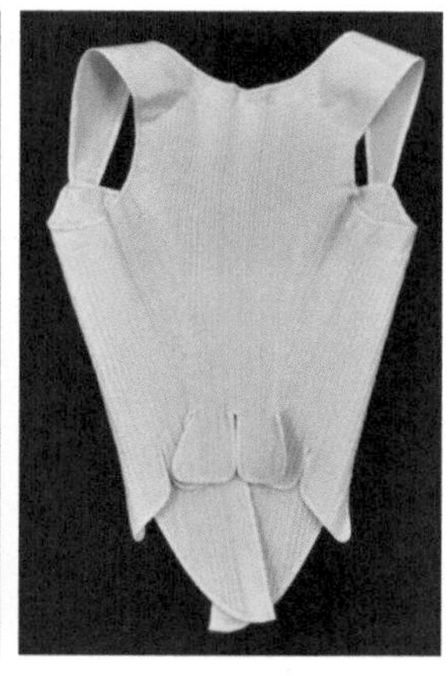

图1-12　伊丽莎白一世的绗缝塑身衣复原件

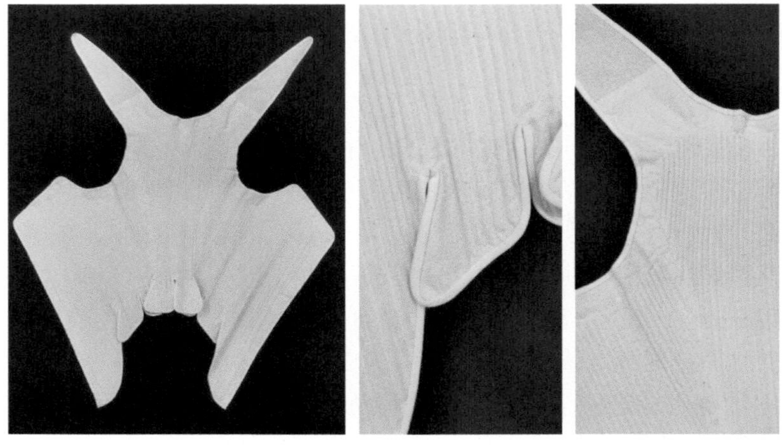

图1-13 平铺与包边的效果

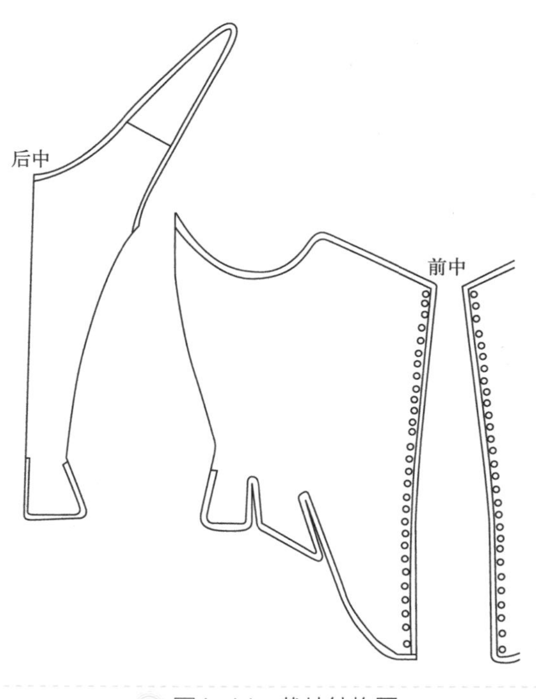

图1-14 裁片结构图

三、铁质塑身衣

铁质塑身衣是这个时期独特的胸衣，关于它的实际功能与穿着者，研究人员还未有定论，普遍认为它是医生用来纠正变形脊柱的医疗工具，也有人认为它具有类似中世纪铠甲的用途。但在法国亨利二世（Henri Ⅱ）（1547—1559年在位）的王妃嫁妆中却出现了这种塑身衣，显然，王妃使用这种塑身衣的目的不是用来纠正脊柱，而是用来收腰塑形。它一般带有方形或圆形的穿孔，以减轻巨大的重量，通常也会有织物衬里，以免穿着者身体因摩擦受伤，如图1-15所示。

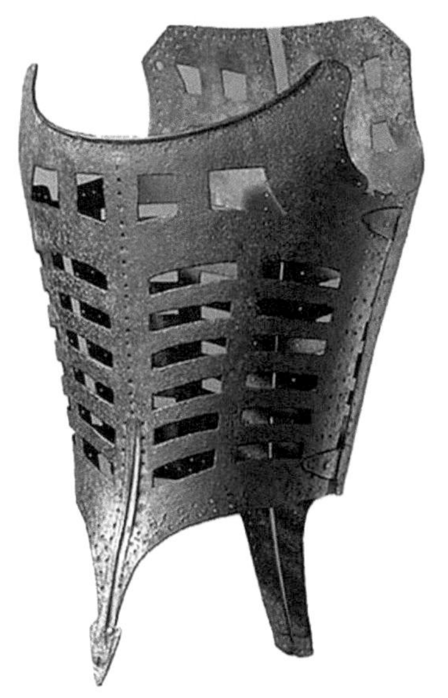

图1-15 16世纪铁质塑身衣

16世纪时，塑身衣将人体上躯干束成倒三角形，这样的造型一直延续到18世纪。塑身衣可以是前开也可以是后开，也有前后都打开的形式。因此在英文中提及此时的塑身衣多使用“一对”来表述。装饰可有可无，可以内穿也可以外穿。基底所使用的材料有硬麻布、帆布、斜纹麻布、白色麻布等比较硬挺的面料，表面有时会使用纬向绒布、印花布（棉质或麻质）、丝绸、羊毛织物等比较具有装饰效果且又贵重的面料。卡纸、马毛、皮革、软木、草、羊毛絮等常用来作为加强的填充材料。而海滩水草（生长在北大西洋岸边的水草，17世纪时常常用来作为胸衣和裙撑的支撑。在英国女王伊丽莎白一世的衣橱账目里，详细地记录了这一材料做成的塑身衣）、鲸须、藤条、木条（常为柳条）、铁、钢、黄铜等作为支撑物缝制在塑身衣上。绗缝工艺常用于固定支撑骨。在当时完成这一工艺需要较大的力气，所以此时塑身衣的制作者多数为男性。由于采用的面料比较厚实，因此需要将多层面料（至少需要两层面料）缝合在一起夹住鲸须等硬质材料。边缘采用布条或者皮革条包边的处理方式。

使用厚硬的亚麻材料制成能勒紧上身的塑身衣，是从16世纪的西班牙宫廷开始的，然后迅速传到法国和意大利，随后风靡整个欧洲。法国历史学家丹尼尔·罗奇认为，它是“一种文化模式的普及，这是一种从西班牙和意大利宫廷照抄搬的文化模式，它重塑了贵族的形象，向人们展示一种自豪、靓丽和戏剧般的美，同时也展示了灵魂的特征与高尚的品德。宫廷社会将紧身衣这种亭亭玉立的美赋予了女人，这种美是一种捕获情感的手段，也是弱不禁风的女人自我防御的必备良方”。

第三节 17—18世纪塑身衣的发展——装饰华美，内衣外穿

随着时代的变化，社会的风尚变化使人们对于服饰有了新的选择。塑身衣由原来在贵族阶层中流行的状况，迅速被其他阶层的人们所接受。正如C.L.冯·波尔尼采（C.L.von Pöllnitz）在1735年游览英国时所见到的：她们无时无刻不在束腰，在这里，很难见到不穿紧身胸衣的女人。英国人相信，宽大裙摆意味着松弛的道德，而紧身胸衣是道德严谨的代名词。17世纪巴洛克风格流行，其艺术风格追求繁复夸张，华丽宏大的

气势和生机勃勃的动感，同时也非常强调装饰性。女装开始出现大胆的袒胸样式，从西班牙的极度夸张人工美造型回归到丰腴的自然美造型上来，表面装饰非常华美，塑身衣上出现蝴蝶结等立体装饰物，可直接做外衣穿着。

这一时期的塑身衣可以分成两大类：一类是绗缝塑身衣（stitched stays），另一类是表面有华丽装饰的塑身衣（smooth cover stays）。绗缝塑身衣是中下层劳动妇女当作外衣来穿或者中上层妇女作为束身与支撑穿在外袍里面。表面装饰丰富的塑身衣，实际上将外衣与塑身衣合成一体，构成一件极复杂的外衣。贵族与平民都穿塑身衣，只是阶层不同，塑身衣采用的面料和装饰有所不同，如图1-16、1-17所示。大量的绘画、雕塑、实物留存下来，使我们得以一窥其貌。

从巴洛克到洛可可时期，上身都被塑身衣束缚着，但相较16世纪时，女性的胸部被挤压向上托起，腰部收紧，躯干部分成为倒三角的造型。虽然这大大削弱了活动机能，但塑身衣是身份和地位的象征。人们认为穿上塑身衣，在身形上更为挺拔，气质上更显高贵。

图1-16 贵族和平民妇女都穿塑身衣

图1-17 巴洛克风格贵族妇女的着装

一、粉色绗缝塑身衣

如图1-18所示的这件粉色绗缝塑身衣（1650—1680）具有17世纪服装典型的结构特征，现藏于英国维多利亚与阿尔伯特博物馆。由粉色丝绸缎带装饰，亚麻衬里，用鲸鱼骨支撑。前中心开口呈V字形，用细带将左右两片连接在一起，中间深V处加上另一块以相同面料制成的三角胸片（stomacher），新的结构剪裁方式在此体现。前片不再是一整片，而是分割成3片，后片也分成了2片，通过这么多的分割线使胸部与腰部相差的量得以平衡分配到身体的一周，如图1-19所示。这样的结构既可以很好地收去腰部多余的量，凸显玲珑的腰线，又较之前的平板结构更加立体。整个塑身衣通过裁剪方式以及前中V形的开口，使得穿衣者上身挺立，腰部更加纤细，胸腰臀三者形成鲜明的对比。三角胸片的应用不仅带来视觉上的装饰效果，同时也可以使穿着者根据自身的身体变化调整塑身衣的松紧。比如在女性怀孕时，改变三角胸片的尺寸可以覆盖凸起的腹部，减少束缚感。下摆采用加三角插片的方法来加大围度，以满足下裙膨起的立体量。

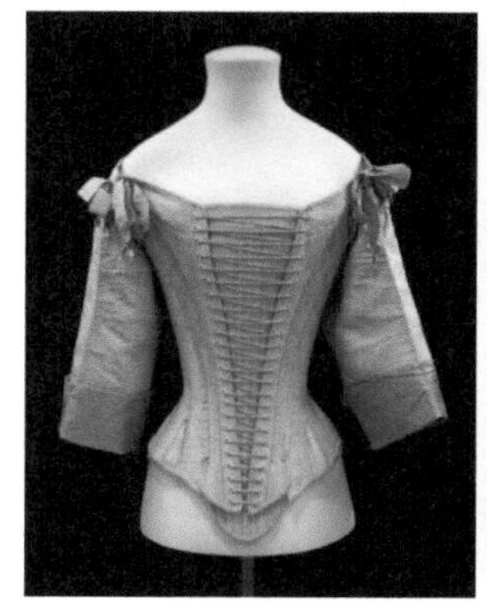

图1-18 粉色绗缝塑身衣（约1660—1670年）

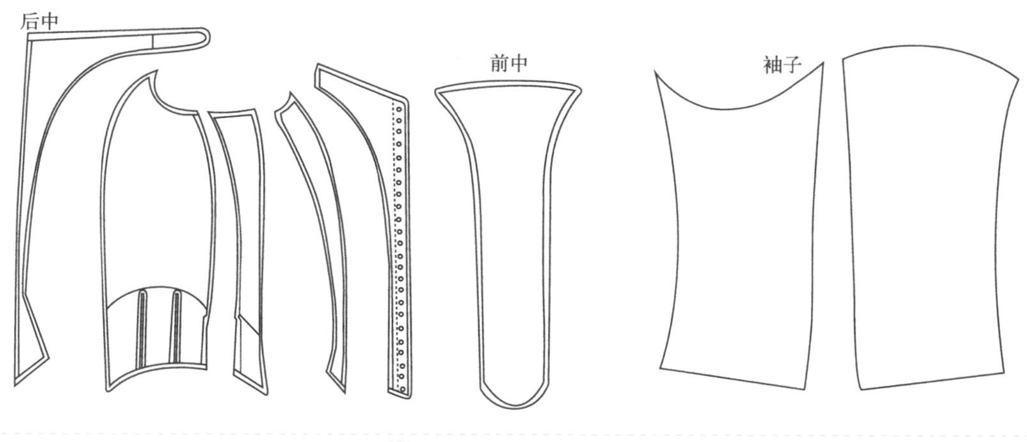

图1-19 裁片结构图

二、银灰色羊毛礼服塑身衣

图1-20所示的银灰色羊毛礼服是哈里斯夫人——提奥菲莉亚的塑身衣（1660—1670），实际是在绗缝塑身衣的基础上加上表层与里层形成的一件外衣。这件衣服是参加皇家典礼时的礼服，级别较高。夸张的袒领、紧窄的衣身和灯笼形的短袖组成当时流行的款式。带有银质金属线的丝绸面料在烛光的照射下发出粼粼波光，给穿衣者增添了魅力。如果用绗缝工艺来固定鲸须等支撑无疑会破坏这昂贵而美丽的面料。而且表层的分割结构线与里层的绗缝基底分割方式有所不同，如图1-20~1-22所示。

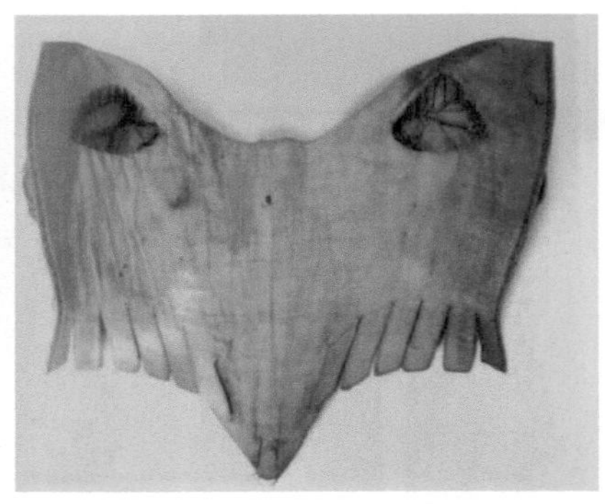

图1-20 银灰色羊毛礼服的穿着效果图及上衣内部图片

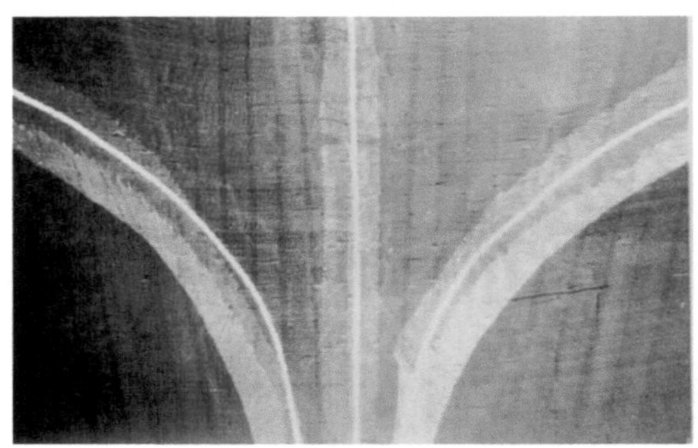

图1-21 X光照相拍摄的面料内一条条整齐排列的鲸须

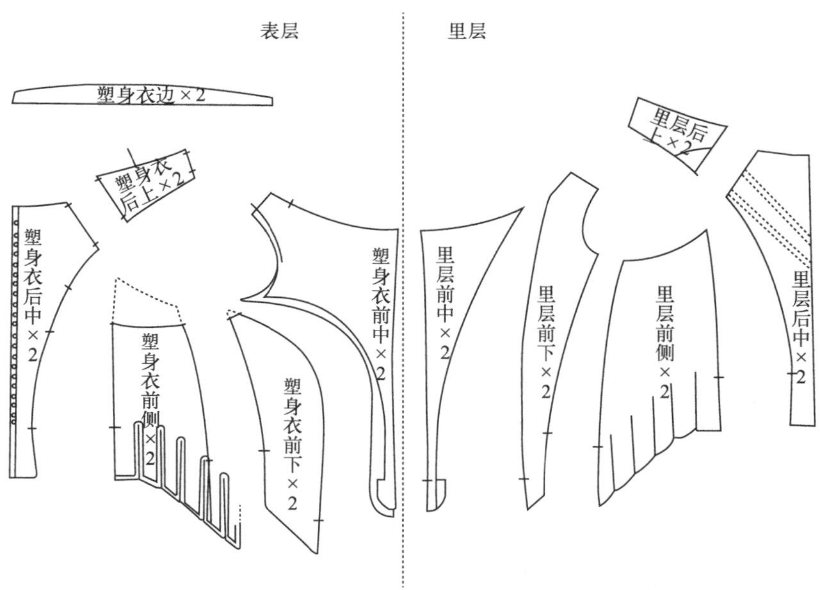

图1-22 裁片结构图

通过表层的面料结构图与绗缝层的结构图对比，可以得知绗缝塑身基底层除了有竖向的鲸须骨，在前胸与后背还分别加上了横向与斜向的支撑，以加强胸部与背部的支撑，很好地解决了领口过低过宽带来的问题。

这种结构依旧应用于现代的高级时装中，特别是晚礼服。塑身衣作为里层将身体束成更为理想的形态，表面装饰层才能很好地展现出服装材料和造型的美感。塑身衣内在的支撑作用，帮助外衣或者是外层结构完成整体的造型，两者紧密地联系在一起，如图1-23所示。图1-24中迪奥晚礼服的新设计是将胸衣缝制在内部，以塑造更美的形体，同时也将塑身衣的结构应用在新设计中。

图1-23　高级时装品牌巴伦夏加礼服的内部结构

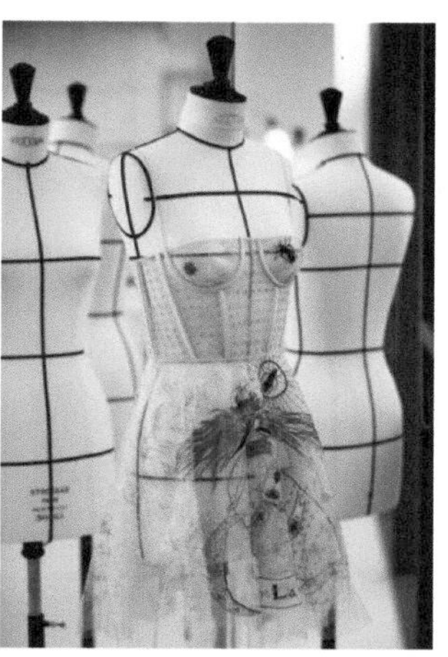

图1-24　迪奥晚礼服的新设计

三、玫红色锦缎塑身衣

18世纪时塑身衣已经非常普及，年轻女孩很早就会穿上塑身衣。塑身衣的前中向腹部延伸部分没有之前的长，然而背部的高度却攀上了历史新高。这样的高背护住脊椎，确保后背平直挺拔。图1-25所示的这件藏于英国维多利亚与阿尔伯特博物馆的塑身衣，很好地体现了当时的流行风格，前领延续17世纪时的低胸袒领，横向用7行鲸须骨支撑整个领型与胸型。整件塑身衣分为8个部分，只在关键的地方加了鲸须骨作为支撑，从而大大地减轻了重量，使身体更轻便灵活。鲸须骨排列的方向（而不是数量）是创造所需形状的关键因素。后中打孔系绳，肩部用细带与后背相连，方便穿着者调整。下摆带小裙片，以便搭配裙撑。

展开塑身衣会发现，相比之前整个前片呈凸起立体形，胸部被托起，呈现女性的性感魅力，同时分割线从前侧向前中倾斜而下，视觉上腰部更加纤细，而鲸须骨也是沿着斜线向下而不是垂直放置，如图1-26所示。

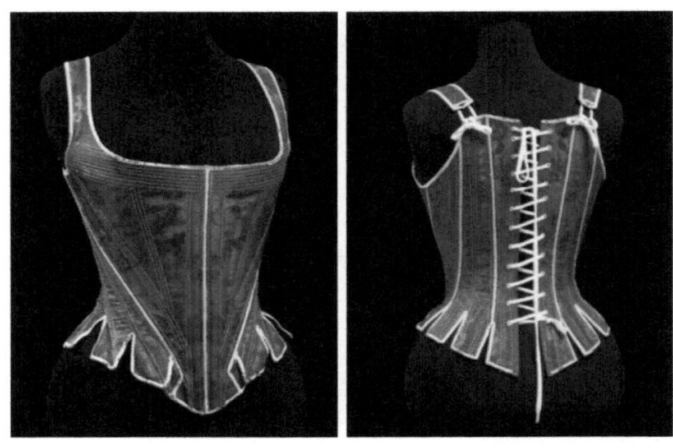

图1-25 塑身衣前后穿着效果（英国维多利亚与阿尔伯特博物馆藏）

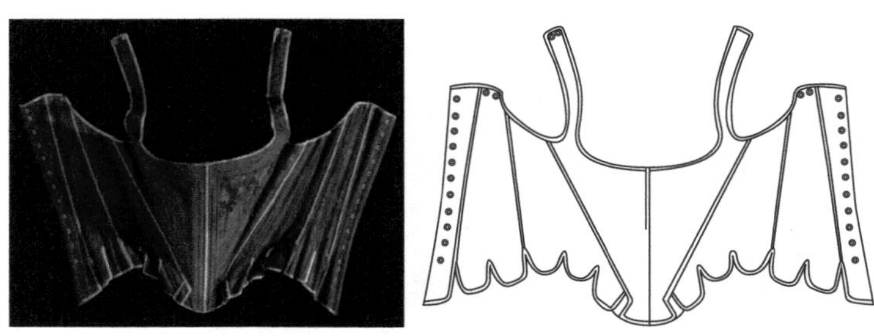

图1-26 丝质塑身衣打开后呈现的立体效果及款式结构图

四、罩杯分离的塑身衣

在文艺复兴的推动下，自然科学取得了很大进展。受西欧资本主义的迅猛发展和英国资产革命的影响，人们要求摆脱专制统治和天主教会压迫的愿望日益强烈，在思想领域开启了启蒙运动。在这种思潮的影响下，对塑身衣的理解逐渐改变，导致了整个社会对“虚伪的人造时尚”的批评，其中就有对塑身衣的批评。在科学和理智的大标题下，医生和哲学家们都推崇“自然”而抨击这种美的工具，因为它是致使妇女儿童身体畸形的罪魁祸首。许多内科医生也加入到提倡母乳喂养，反对缚裹婴儿的队伍之中。随后18世纪末爆发的法国大革命，使服装风潮发生了巨大的变革。对古希腊服饰自由轻盈的推崇使飘逸长裙流行起来。长裙由轻薄的细棉布制成，高腰线拉长了下身的比例关系。虽然时尚崇尚年轻自然，一些年轻女子抛弃了塑身衣，但是除了苗条的女性能呈现出身材自然美，对其他人来说这个理想是不可能实现的，因此仍然需要塑身衣作为辅助。18世纪中期塑身衣长度较长，完全不适合这种新样式。一种较短、骨骼较轻、罩杯可分隔两个乳房的塑身衣随之诞生，它不像以前的塑身衣那样压扁乳房，可以起到提升和固定乳房的作用，配合外衣高腰线的形态，这个时期塑身衣的衣身比较短。到了1820年，塑身衣的长度跟随着时尚的变化而变长，形成了管状的轮廓，同时使臀部向外凸起，突出了臀部的曲线。服装的结构与之前的鲸须胸衣不同，采用了加插片的方式来形成胸部与臀部空间量，使得胸衣能为胸部提供更好的支撑。在两个乳房中间加入的一个长条形的木插片与短的鲸须的支撑，将此时的躯体塑造成了新的时尚造型。得益于棉花种植与贸易产业的蓬勃发展，此时出现了许多棉质塑身衣，因此其舒适性相较过去麻质地的塑身衣有一定的提升，如图1-27~1-29所示。

图1-27 18世纪末期的版画及传世棉质高腰长裙实物

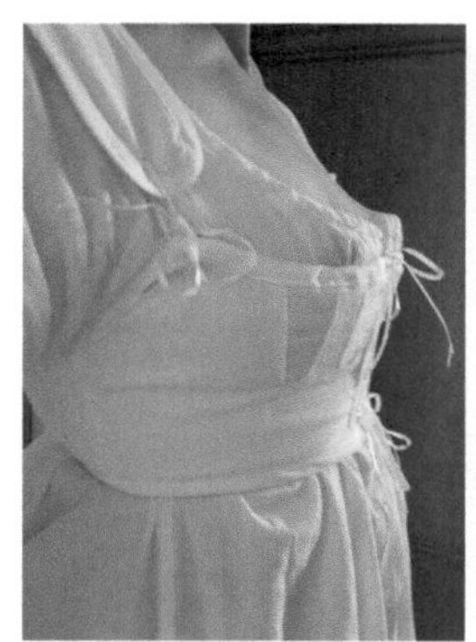
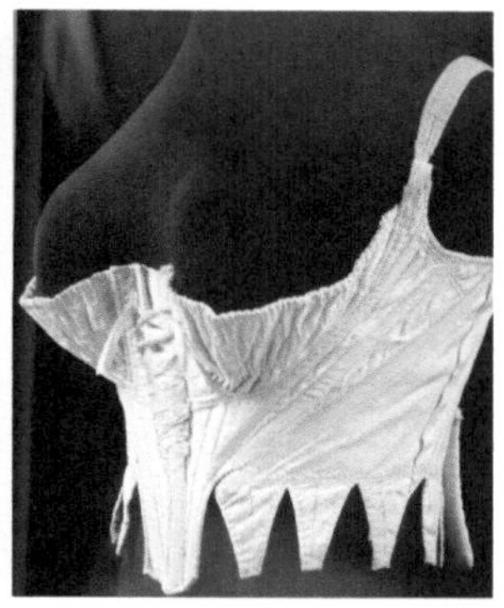

图1-28 棉质的塑身衣（1795年）

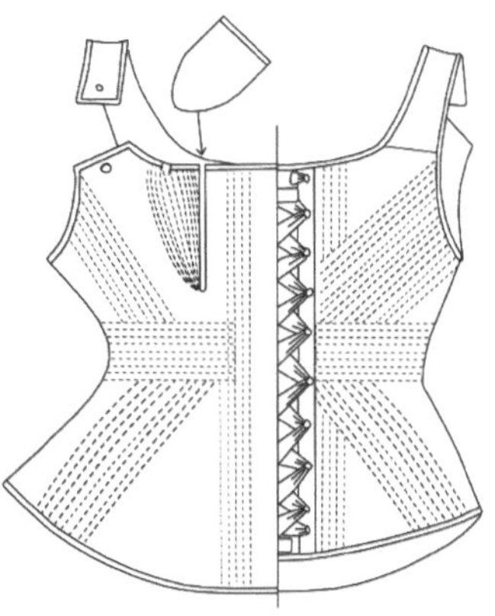

图1-29 19世纪30—40年代的棉质塑身衣及款式结构效果图

五、男子塑身衣

人们常常认为西方服装史中的塑身衣，是女性所独有的物品，实际上男性塑身衣在一些绘画中也有所反映。从图1-30中可以看到18世纪时男性也同女性一样，在衬衣外穿着塑身衣。其可能没有像女式塑身衣那样得到广泛的应用，因此在服装史中没有特别强调，流传下来的实物也很少见。在1815~1820年期间，描绘花花公子形象的漫画层出不穷，说明一些爱赶时髦且爱出风头的男子也会穿着塑身衣，图1-31所示为仆人帮主人穿塑身衣。

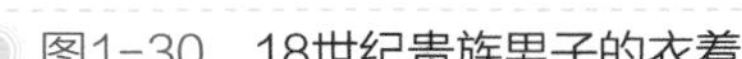

图1-30　18世纪贵族男子的衣着

图1-31　仆人帮主人穿塑身衣

第四节

19世纪塑身衣的发展——从简洁实用到华丽铺张

18世纪末，法国大革命推动了女性服饰的巨大变革。“自由”与“飘逸”的服装成为流行，改变了以往僵硬的造型。女性在此时短暂地告别塑身衣与裙撑对于身体的束缚。然而随着大革命的失败，王朝的复辟，女性又重新穿上了束缚身体的服装。人们将新古典主义时期的长裙以及不穿胸衣的现象，看作是大革命时期社会秩序杂乱无章的恶果。而到了下一个世纪，塑身衣成为了女士时装中不可缺少的组成部分。19世纪初期服装从直线形的新古典风格变成“X”廓形，服装依然是展现地位和教养的重要物品，如图1-32所示。虽然在此时，有些商家宣传他们的塑身衣比以前更舒服、穿脱更方便，但实际上并没有改变其对身体的绑束。资产阶级的审美随着地位的提升，成为了主流。虽然没有告别束缚，但服装的造型从原来僵硬板正变得更具有线条感。蜂腰的造型使腰部成为了关注点。19世纪相较于18世纪繁琐的装饰更推崇简洁与实用性。塑身衣的结构承袭于以前的鲸须塑身衣，而此时在英国“tailoring”(“tailoring”常用来表述英式西装精致的剪裁，随着英国男装的时尚影响整个欧洲）概念的影响下，塑身衣的结构得到进一步的优化，每一道结构线的精心设计与安排使得塑身衣更向“现代”概念贴近。有些服装史学家认为这是向现代服装进化的开始。

19世纪30年代开始，女性服装开始从法国大革命时流行的修长廓形慢慢横向扩展，结构越来越复杂。19世纪中期，丝绸与蕾丝开始大量应用于塑身衣上。塑身衣的设计也随着技术的进步与时尚的变化而继续发展。19世纪60年代，大裙撑开始流行，而塑身衣变得比较短了，如图1-33所示的夸张的浪漫主义风格。70年代，当裙撑变窄时，塑身衣变长，包裹住腹部，如同盔甲式般包裹身体。到了80年代，塑身衣的前中用勺形的鲸须作为支撑物很流行，这使得腰部收紧，腹部压平，整个胸部向前倾，形成S形曲线，如图1-34所示。正是不断变化的时尚风潮，促使女性的身体在塑身衣的帮助下呈现不同的外轮廓造型与具有时代特色的美感。

图1-32 19世纪初“X”造型

图1-33 夸张的浪漫主义风格

图1-34 “S形曲线”造型

一、前襟开合塑身衣

金属锻造工艺的进步推动了塑身衣材料的变化。1829年，法国紧身胸衣设计师让·朱利安·约瑟琳（Jean-Julien Josselin）发明了前襟开合塑身衣，并申请了专利。前中的系带结构改成金属搭扣条开合结构。这种前襟开合的方式，让女性可以自己轻松地穿上和脱下塑身衣，不像以前为了脱下塑身衣，系带要完全解开，并且需要别人帮助才能把它系好。塑身衣的结构采用了新的分割方式，让腰部更加紧，将胸部向上托起，前中的金属搭扣可起到很好的支撑作用，不再需要肩带拉住塑身衣，如图1-35和图1-36所示。这一变化很好地配合了当时露肩晚礼服的设计。领口的位置也逐渐向胸下移，成为束腰，为随后文胸成为其新搭配出现在女性的衣橱中创造了条件。

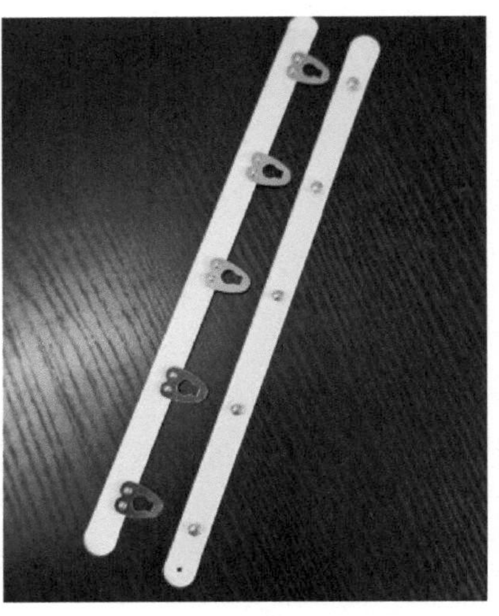

图1-35 塑身衣与金属前扣（1875年）

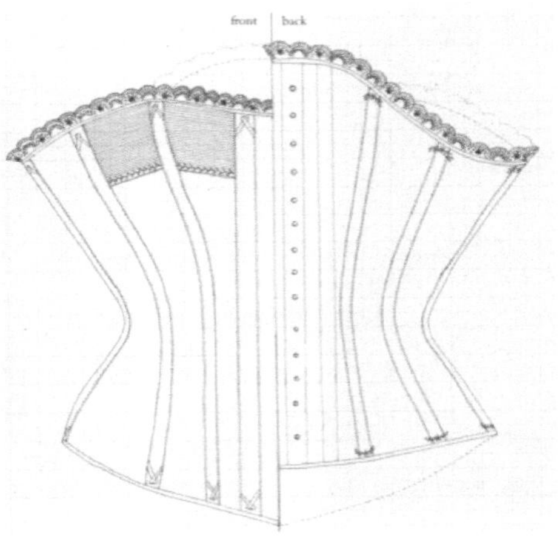

图1-36 塑身衣及其前后平面结构效果图（1890年代）

1868年后随着金属锻造技术的进步，蒸汽定型技术的发明推动了塑身衣的加工方式，在石膏制作的“理想”躯干模型上，用高温蒸汽将鲸须塑身衣定型；或者用金属制造模型，然后将紧身衣放在金属模型上，将模型加热，直到内衣定型。而工业化的生产方式代替了以往私人裁缝式的制作方式，为更多的女性提供了不同价位与设计的产品。塑身衣的制作从裁缝工坊和家庭自制发展成产业化的生产，并开始变成工业化商品进行销售。1861年，估计在巴黎销售的塑身衣有120万件，价位300~200法郎不等。在英国与美国的商店中，不仅出售较大尺寸的塑身衣，同时出售款式多样、尺寸标准（腰围通常在18~30英寸之间）的成品塑身衣，以满足不同身材与经济条件的女性选购，见图1-37、1-38所示。

图1-37　19世纪末的内衣广告

图1-38　美国售卖塑身衣的商店橱窗

二、怀孕、哺乳塑身衣

为了满足不同的需求，百货商店也开始出售哺乳塑身衣、支撑塑身衣、少女塑身衣等不同功能的产品。在19世纪，随着人们对自己身体的认识以及纺织技术的发展与进步，此时的塑身衣更能适应女性身体的变化，具有更多的功能。如图1-39左图所示怀孕女性身着的塑身衣，在侧面增加了系带结构，可以根据腹部的突起程度灵活调整。图1-39右图所示的两件塑身衣，在胸部增加了方便女性哺乳的开合结构，在侧面再增加系带可以方便穿着者自己调节松紧。

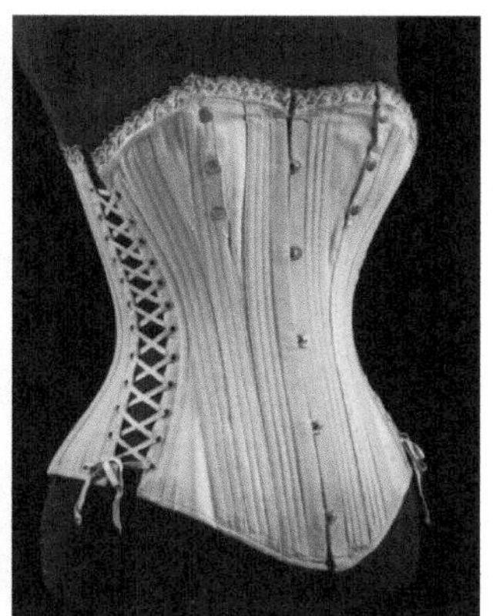

图1-39　满足怀孕女士身材变化及罩杯处特殊开口的结构设计

三、钢板助推S形的呈现

在19世纪下半叶，随着运动对提高身体体质，改善精神状态等带来更多的益处，女性参与体育运动的人数有所增加，除了骑马和散步等传统的户外活动外，女性还尝试各种新式运动，包括槌球、曲棍球、高尔夫球和网球等。女性们穿着塑身衣参加这些体育运动，更衣室里常见到血淋淋的塑身衣，证明了女性运动时的痛苦。生活在1880~1905年期间的女性，经历了残酷的身体折磨，身材被塑造成了“S”形，胸部被挤到前面，胸部很低，两个乳房没有被隔开，让人感觉格外明显。前面增加金属加固物的塑身衣压平了肚子，同时也束缚了胸部和臀部。皮革面料的使用，可减少运动时衣服撕裂的风险。鲸骨、黄铜孔眼、勺子状钢板直接缝合在塑身衣表面（见图1-40左图所示），这样的款式在19世纪70~80年代非常流行。

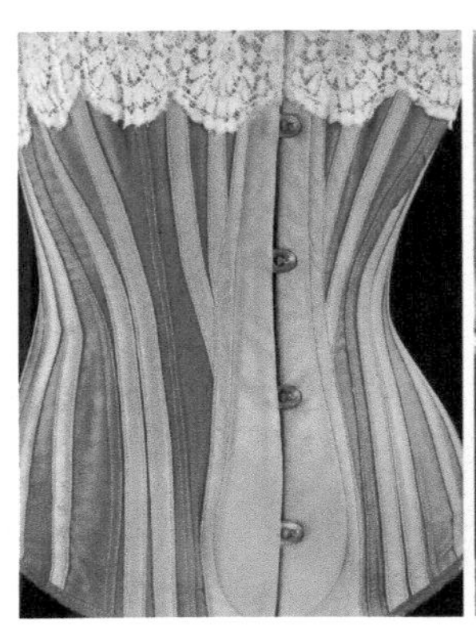

图1-40 饰有机织花边及前中带钢板的塑身衣（1883年英国）

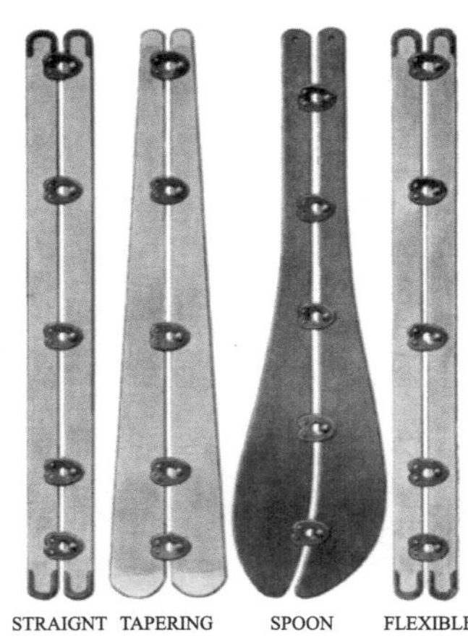

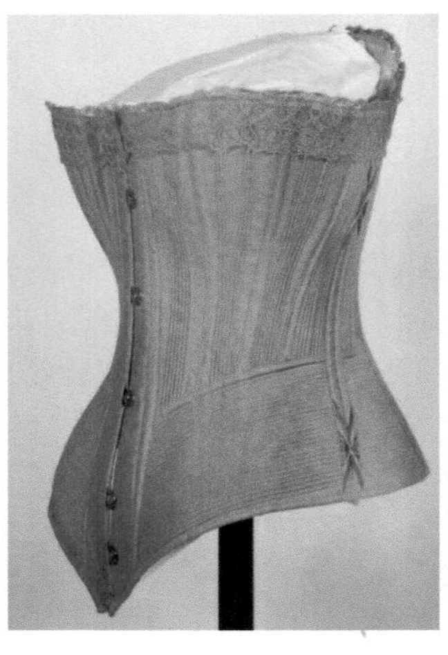

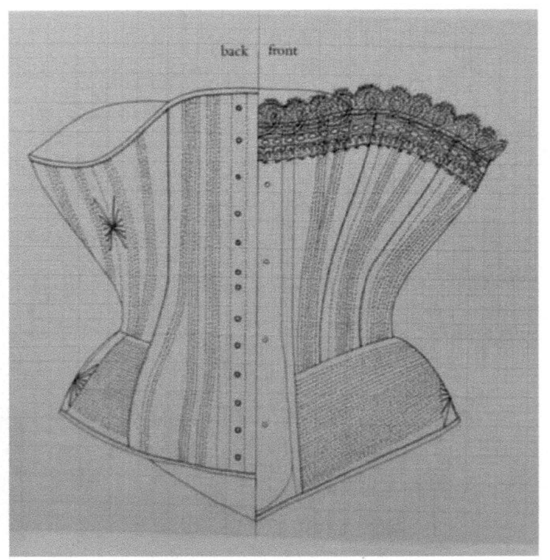

图1-41 前中钢板扣样式及塑身衣前后结构效果图（1890年）

图1-41右图所示的塑身衣是Symington公司1890年的产品，现藏于英国莱斯特议会博物馆，也是当年最热销的商品之一。这件塑身衣只在关键的塑形部位加上支撑骨，而腰部下用嵌线工艺代替鲸须，以降低成本。前中腹部下的勺型金属条，使腹部更加扁平。在腰节处分开上下裁片的裁剪方式，满足了穿着者需要常弯腰的工作习惯。这件塑身衣的销售对象是女佣，因此耐穿、方便又经济，成为其赢得市场青睐的原因。

在19世纪，塑身衣扮演着双重角色。维多利亚时期的女性还清楚地意识到，塑身衣是打扮得体面的必要服饰，同时还是体现女性性感美的象征。在给外界留下极为得体和明显性感印象的同时，塑身衣还以一种可为大众接受的方式，赋予女性真实地表达自身对性的渴望权利。这种看法促使女性不断追求更细的腰围，突出女性的“S”造型。即使过于细的腰围造成内脏的错位以及骨骼变形，严重影响了健康，也无法让女性放弃对于美与时尚的追求。

如图1-42所示，为追求极端的细腰效果，用塑身衣将正常腰围勒到只有原来的一半，以突出胸部与臀部。

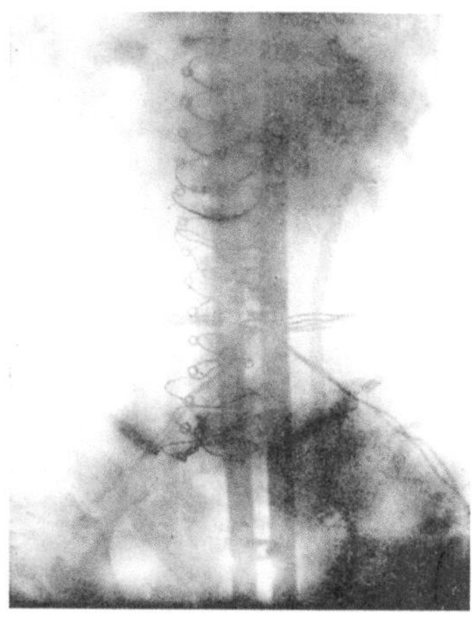

图1-42 女性腰部被塑身衣勒变形的X光照片

四、直线形塑身衣

到了19世纪末，西方的社会生活方式发生了巨大的变化，束缚身体的塑身衣妨碍了女性更活跃的日常活动。为适应这种新变化，塑身衣设计师推出了直线形塑身衣，最具代表性的就是嘎歇·萨罗特夫人（Madame Gaches Sarraute）（具有医学背景的塑身衣设计师）发明的“卫生型塑身衣”，其特征是前面内嵌金属条或鲸须在腹部呈平直的直线，它比以前的塑身衣延伸得更低，完全包裹着臀部，笔直的塑身衣压至腹股沟，导致穿着者臀部向后倾斜，胸部向前挺进，造就人体侧面呈现完整的S形。后来又在这种胸衣下端装上吊袜带，分离式的吊袜系在缎带环上，如图1-43所示。

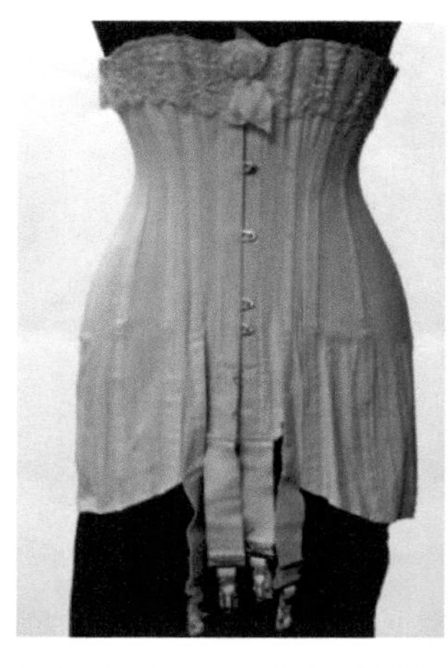

图1-43 20世纪初的丝质塑身衣（左图）和帆布质地的塑身衣（右二图）

五、19世纪的男士塑身衣

19世纪社会开始崇尚挺拔而修长的男性形象。塑身衣、腹带以及小腿垫是塑造这一形象的重要辅助。塑身衣将男子的腰部勒紧，使得身姿更加挺括与轻盈，且更具活力。1878年羊毛腰带以及法兰绒腰带在欧洲流行，当时的腰带主要有两种形式：一种是腹部宽，两头小，在后背系带；另一种是管状腰带。如图1-44~图1-47所示。

图1-44　19世纪男士的着装

图1-45　19世纪漫画表现时髦男士追求细腰的风尚

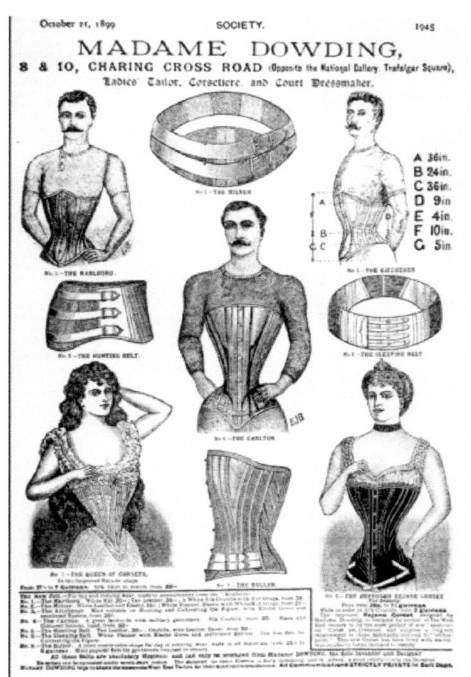

图1-46　19世纪的胸衣广告和男士的塑身衣图片

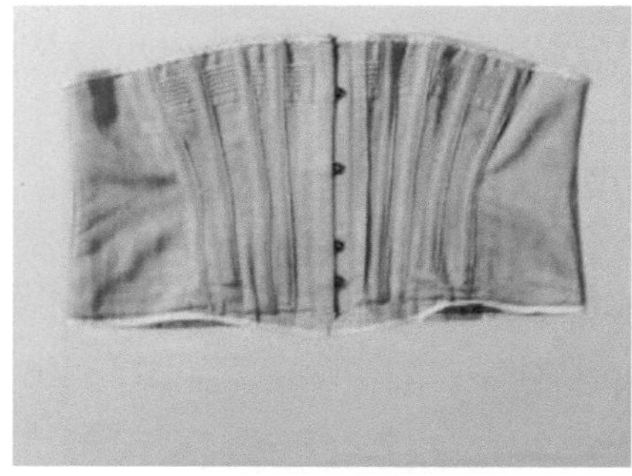

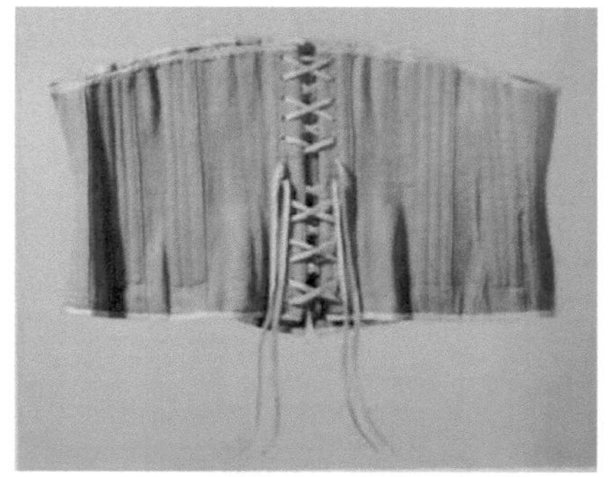

图1-47　男士塑身衣的正面与背面

第五节

现代塑身衣的发展——材料丰富，风格多样

从19世纪中叶到当下的内衣发展，大致可以分为三个时间段：19世纪50年代至20世纪20年代，在穿着方式上做加法，多层的衬裙、打底衬衣、塑身衣、裙撑等叠穿在身上，各种服饰在内部搭建了一个框架支撑着外衣的造型。从20世纪20年代到60、70年代，内衣成为了人体与服装的一个媒介；从20世纪70年代开始到当今，内衣与外衣的概念已经变得非常模糊，时尚化的内衣产品层出不穷。

进入20世纪之后，女人们被医学界的反对观点说服，更重要的是社会环境以及生活方式的变化，使得塑身衣不再是女士们衣橱里必备的服饰单品。塑身衣根据风尚潮流的变化以及不同的穿着需求，演变成了不同形式的服装单品。

一、新材料与新工艺的推动

（一）骑行塑身衣

20世纪初，人们开始广泛认同由医生们不断提醒的塑身衣对身体的危害，主张健康、实用的着装理念。随着塑身衣向下伸长，上部越来越短，乳房似乎要从塑身衣上冒出来，终于，文胸应运而生，用来塑形的塑身衣出现上下分离，塑身衣主要以腰封的形式呈现。

当时的社会环境鼓励女性们多参加体育运动，在1900~1910年，骑行塑身衣开始被广泛使用。下胸围线以上被切割掉，为穿着者提供灵活的手臂活动。相对地减少了鲸须骨的使用，尽管侧面和背部仍有鲸须骨被用于束腰。塑身衣非常轻，因此支撑力不用很大。这种塑身衣通常用于骑行和其他运动，如高尔夫球、网球，甚至滑冰。另一方面，由于它的精致性，骑行塑身衣也作为闺房穿着的便服塑身衣，如图1-48、图1-49所示。

（二）探戈舞蹈束腰带

1910年后，爱德华风格的S形曲线不再流行，更简洁的轮廓受到人们的追捧。1909年俄罗斯芭蕾舞团在巴黎的演出引起轰动。艺术家在舞台上自由地展示身体，身体的解放得到人们的鼓励。20世纪初保罗·波烈（Paul Poiret）、维奥内（Madeleine Vionnet）等设计师意识到这种发展趋势，设计出了廓形宽大的服装，不再刻意强调女性的曲线，如图1-50和图1-51所示。1911年《皇后》杂志中写到：“也许我们可以把这种新的时髦身段称为保罗·波烈式，毫无疑问，因为没有衬骨的紧身内衣在他的沙龙里最流行”。保罗在自传中夸口说：“在这个紧身内衣仍旧流行的时代，是我发动了对它的战争……我以自由的名义预言

紧身衣的灭亡，并宣布乳罩的登场，从此之后，乳罩将大获全胜。是我解放了女性的双乳。”塑身衣生产商哀求他不要毁了他们的生意，但是保罗·波烈说，女人留短发并不意味着会让理发师丢掉饭碗。标新立异的塑身衣的流行并没有导致传统式样塑身衣的销声匿迹。事实上，人们对那种不穿塑身衣、体现自然着装效果的向往，反而促使了新式塑身衣的发展。随后的百年间，塑身衣在形状和结构上均发生了变化，它们含有新的弹性纤维和生产技术成分，更具柔韧性与舒适性，从而更好地支撑了女性身体的某些部位。

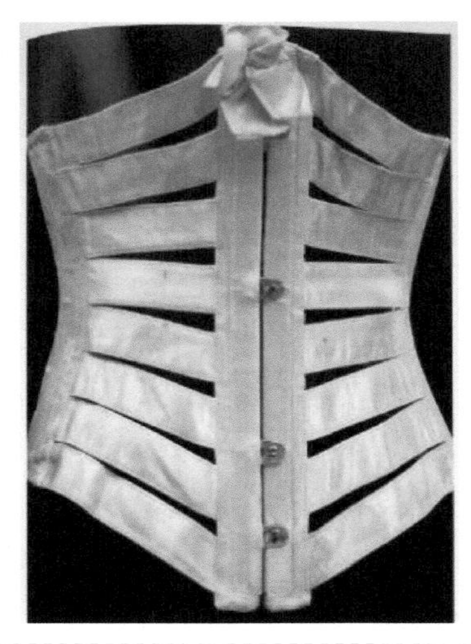

图1-48　丝带塑身衣（1900年英国）

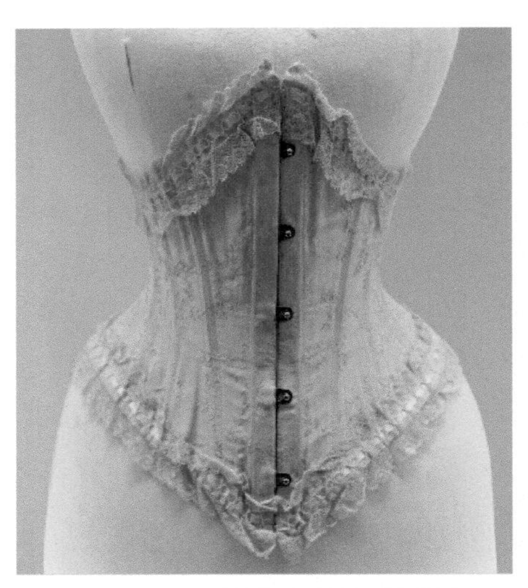

图1-49　蕾丝装饰的塑身衣

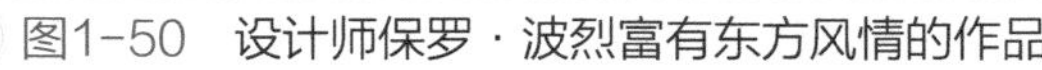

图1-50　设计师保罗·波烈富有东方风情的作品

图1-51　法国时尚杂志（1921年）

20世纪初，轻松愉快的舞蹈成为人们休闲娱乐的重要方式。人们尤其对探戈舞和土耳其舞等表现出极高的热情。这些舞蹈正是追求身体自由的运动，这也将一种新式的舞蹈塑身衣带到了大众流行中。这种既能使身材苗条，又允许上半身放松的塑身衣，也被叫作“臀部限制器”或“大腿收缩器”，它淘汰了紧身胸衣，更像是一种束腰带。它通常从腰部一直延伸到大腿根部，前面较短的结构适合跳舞时大腿的上下运动，以便做出更多的舞蹈动作。如图1-52和图1-53所示。吊袜带被安装在两侧。这样的内衣不再突显胸部的轮廓，穿着后整个身体线条是平直的，如图1-54所示。1914年，在法国流行一种探戈舞束腰带，由棉布、丝绸、缎带、花边，金属等构成，如图1-55所示。

图1-52 东方风情的芭蕾舞剧对当时时尚产生深远的影响

图1-53 探戈舞成为时尚女孩们热衷的运动

图1-54 20世纪20年代的内衣

（三）包臀束腹带

第一次世界大战爆发后，欧洲处于战争状态，女性被迫进入军工厂、医院和田园等地方工作。女性首次承担生产的重任，在经济和社会上第一次获得独立。为了便于劳作，服装被简化，塑身衣也被要求既能方便身体运动又能支撑背部。例如“詹金斯胸衣”，为了防止劳作时裙子提起超过大腿，所以塑身衣需要长一些，有的塑身衣长至56cm，盖住了大腿，如图1-56所示。

图1-55 探戈舞束腰带

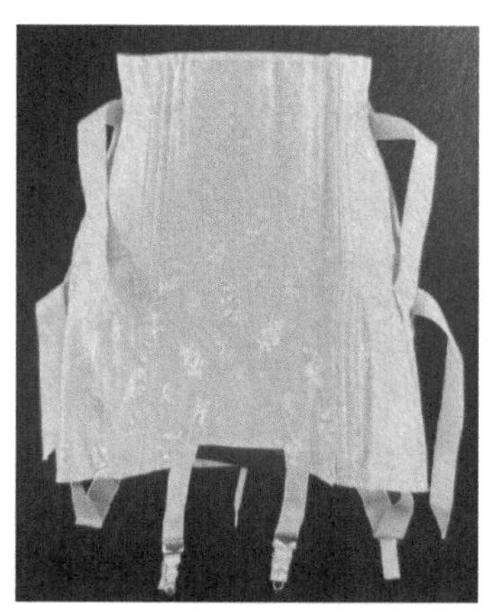

图1-56 20世纪10~30年代的塑身衣

（四）人造丝塑身衣与拉链的应用

随着科技与社会的发展，新材料与工艺大量应用于人们的日常生活中。其中人造纤维的应用，推动了塑身衣走向更便捷、更舒适、更能满足人们新生活方式与审美的需求。20世纪20年代开始，许多发明家开始尝试在服装中使用橡胶。1931年橡筋松紧带的出现，给紧身内衣业带来了深刻的变革。人造纤维制作工艺的不断进步促成了两种新材料的出现：一种是在1929年由邓禄普橡胶公司（Dunlop Rubber Company）研制出的双向拉伸松紧带；另一种是在1930年由考脱尔兹（Courtaulds）公司研制出的人造丝。用这些材料制成的塑身衣既轻便又有弹性，既能保持女性体型又不致伤害身体，如图1-57所示。20世纪30年代早期，双向拉伸人造丝被引入生产中，大大减少了对鲸须骨、钢铁、带子和镶边花边的需求。束腹带式塑身衣是当时市场的主要款式，如图1-58所示。

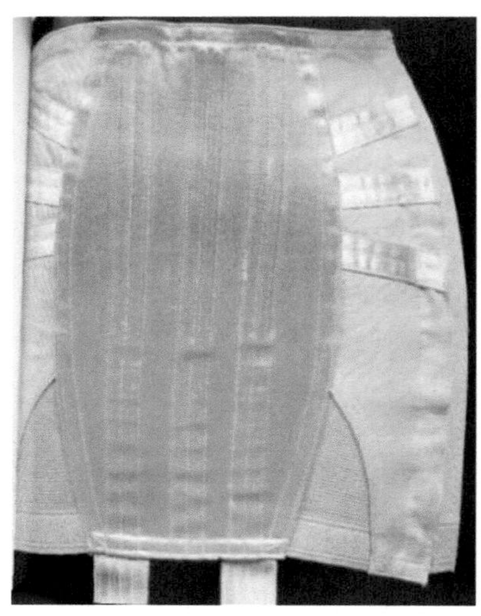

图1-57 人造丝弹性束腹带（1930年代，英国）

图1-58 20世纪30年代束腹带广告

1935年，发明了与胸罩缝制在一起的连裤塑身衣，加入到女性紧身衣的范畴内。当时的人们认为橡筋松紧带车缝到裁片上的应用，可使得塑身衣能更好地将女性松弛的赘肉束缚起来，成为“完美体形”。美国《时尚》杂志在1935年写到：地基扎实与否决定了房屋是坚固还是容易倒塌，同理，内衣合身与否决定了身材是紧绷还是松弛。

美国杜邦公司发明了尼龙，并在1937年申请了专利。通过采用新科技开发出的新面料和应用像经编机这样的新设备、新工艺，美国研发了能双向伸展的面料，并占有了主要的市场份额。利用尼龙轻柔的特征，可以制造尼龙塔夫绸、尼龙薄纱罗和尼龙巴里纱，比传统生产面料的费用低廉，且穿着后更易于活动，也便于清洗和快速晾干。此外，影响更大的是尼龙松紧带，现在称为“强力网”的面料，其替代了鲸骨和花边，能使衣身呈现各种颇具性感的形状，如图1-59所示。

拉链这种新型扣合件的发明，使内衣和外衣也产生了重大变革。1931年美国发明了拉链，1934~1935年间，拉链工艺的提升与完善使之成为塑身衣理想的扣合方式，从此在塑身衣中得到广泛使用，并在开合功能的基础上增加了装饰效果，如图1-60所示。

1939年欧洲爆发第二次世界大战，战争导致经济衰退、物质缺乏，内衣成了奢侈物品。越来越多的女性到工厂和农田劳作，而女士们在高强度的劳动期间需要内衣支撑其后背。美国劳动部妇女局局长玛丽·安德森指出，胸衣对于女性完成战时的工作是必需的，并解释说缺少支撑会影响工作的完成，因为女性往往是因疲劳和背痛而停止工作。当时，胸衣没有受到服装配给的限制，英国政府把胸衣列为必需品，以确保其生产和设计标准。

图1-59 强力网和尼龙面料的塑身衣（1957年）

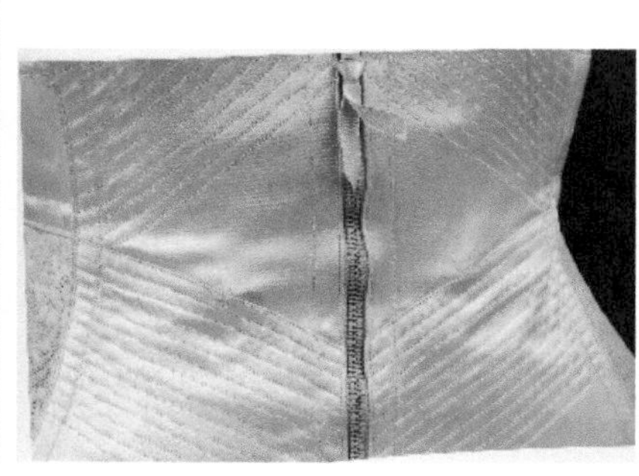

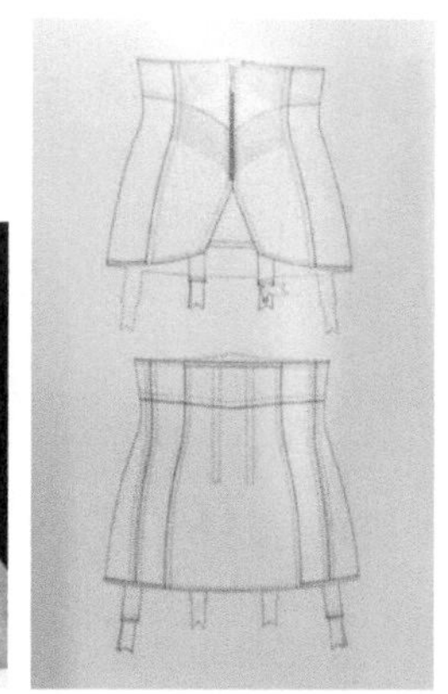

图1-60 使用拉链扣合的束腹带

（五）束腰

第二次世界大战结束后的几年里，仍执行着战时的配给制。欧洲的女士们对于美以及展现女性魅力的渴望从未改变。克里斯汀·迪奥（Christian Dior）于1947年在巴黎发布了献给女性的“迪奥新样式”（New Look），紧束的腰部和夸张的臀部的蜂腰造型重新回归。这种款式的关键是它腰上细小的“腰带”，当初是由马斯尔鲁采斯（Marcel Rochas）于1945年设计的一新款束身衣。在美国名为“肚带”，而在法国则称为“黄蜂腰”。这类束腰往往较短，最短的只有10cm，带有撑骨，以后逐渐演变成与衬裙结合的束腰。在战后物资短缺的时期，这种塑身衣得到了广泛的应用，1948年，法国外贸协会宣布女性理想的腰围为50.8cm（20英寸）。迪奥新样式的造型核心就是细腰，由弹性棉、鱼骨构成的束腰，推动了塑身衣的销量，1948~1958年间塑身衣的销量翻了一番，如图1-61所示。

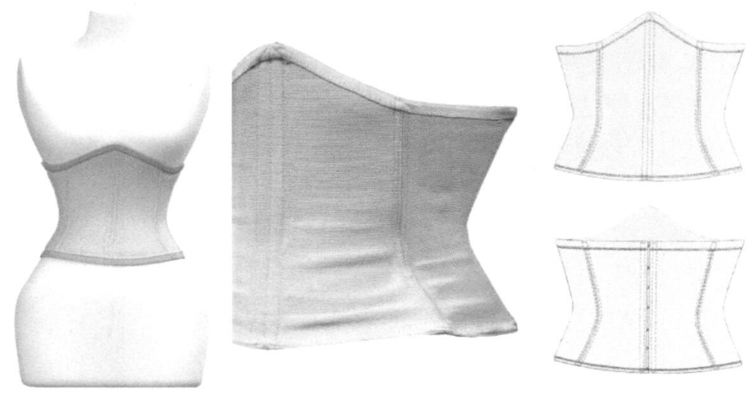

图1-61 束腹带

20世纪50年代及60年代的大部分时间，塑身衣不只是胖女人的专利，多数女人还在穿着，公认的合身基础塑身衣是可以“维持”朝气蓬勃，充满活力的身材。时尚评论家说，“不穿塑身衣的人体很容易感到疲劳，即使你身材苗条，腹肌发达，还是要提前为将来的肌肉松弛做好预防工作”。

（六）强力尼龙蕾丝塑身衣

图1-62 弹力尼龙蕾丝塑身衣（1959年）

第二次世界大战后，天然橡胶和氨纶被添加到机制蕾丝产品中，目的是让其更富有弹性。20世纪40年代的卡多勒（Cadolle）内衣由弹力面料 Dentellastex制成，这种弹性蕾丝是由加来（Calais）的蒂比尔斯·勒巴（Tiburce Lebas）发明的，当时它已经加入尼龙线纺织。新型高强度尼龙弹性蕾丝的出现，带来了内衣设计和制造的一场革命，不仅提供了强大的支撑，而且不需要添加太多的装饰。它使内衣设计师不仅可以将蕾丝效果用作装饰，还可以将蕾丝图案嵌入尼龙网中作为服装的主要功能及装饰性材料，如图1-62所示。

（七）“小X”塑身衣

20世纪50年代中期前，尼龙与橡胶线的束腹带只有横向的弹力，因此穿着时容易向上翻卷。1955年“小X”塑身衣由美国“轮廓”公司投入市场，希望通过它俘获年轻一代的消费者。虽然此时推出小尺寸的束腹带具有一定的风险，但其双向弹力的灵活度很快被市场认可，在销售上取得了巨大成功，生产“小X”的许可证被授予了32个国家，成为20世纪50年代塑型服装的先驱。其在前腹呈X形交叉的弹性织物可确保腹部的平坦，双层的弹力带能很好地将腹部松弛的肌肉固定。60年代氨纶材料用于束腹带的制造，它的双向弹性使塑身衣像袜子一样，具有良好的抗拉性，可替代钩子和拉链，直接穿脱。它克服了20世纪中期之前，橡胶束腹带只能水平移动，容易往上缩的弊端。20世纪50年代后，新的印染工艺增加了塑身衣服装的颜色和图案方面的设计选择范围，如图1-63所示。

（八）莱卡的使用

1959年，美国杜邦公司研制出一种叫“莱卡”的新材料。莱卡从20世纪60年代开始引发了内衣行业的改革。莱卡具有橡胶所有的特性，却摒弃了橡胶所有的不足，它的耐磨程度是橡胶的4倍，重量却只有橡胶的1/3，耐磨、抗汗，不受洗涤剂和化妆品的影响，也不需要骨撑。莱卡最初运用于运动装，如泳衣，后来应用于文胸的下扒和侧拉片。莱卡弹性很好，紧贴身体，舒适自如，它是一种完全合成的拉伸材料，比以前的弹性材料强三倍，具有两倍的回收力。用莱卡制作塑身衣时不需要鱼骨，也不需要扣钩，可直接穿脱。莱卡是20世纪60年代年轻人内衣革新的重要内容，各大公司很快开拓了这个新市场。设计师玛丽·匡特（Mary Quant）推出迷你裙后，腹部双层莱卡，没有拉链的连体塑身衣替代了旧式的样式，如图1-64所示。

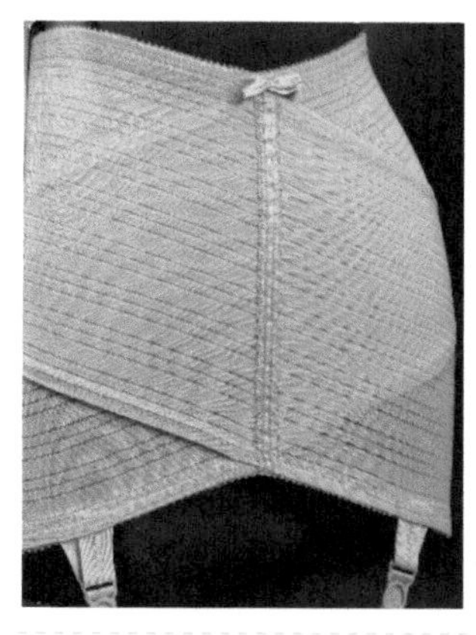

图1-63 20世纪60年代的“小X”塑身衣

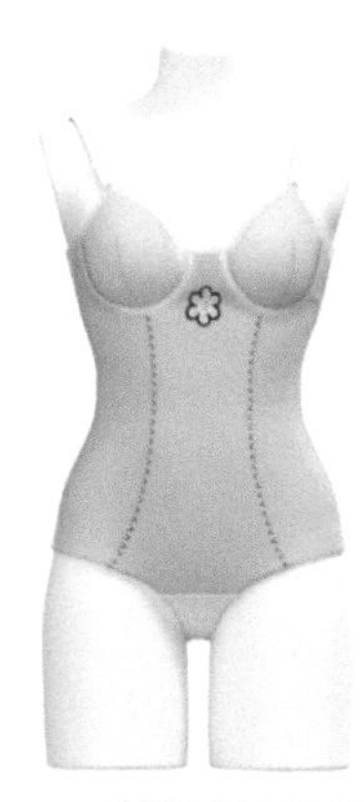

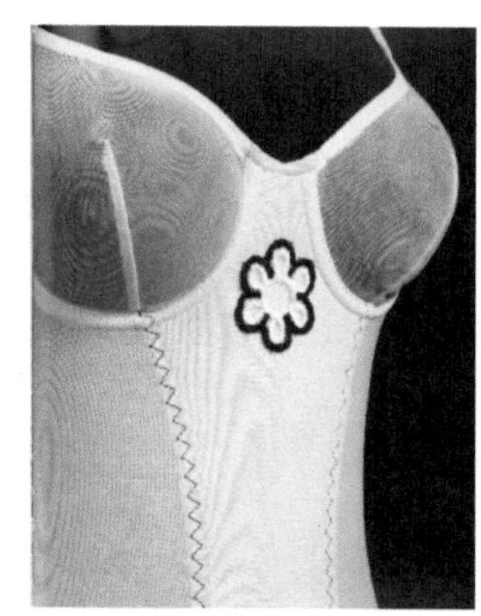

图1-64 莱卡塑身衣（1965年）

二、新观念与新风潮的影响

20世纪60年代末70年代早期，年轻一代的消费者开始追求新的潮流。嬉皮士文化模式和女权主义运动成为当时最突出的社会文化现象，人们对待体形的态度发生了变化，时尚的潮流开始远离束缚型的服装，选择节食和锻炼等其他美体方式。性解放运动引发了新的潮流，塑身衣不再为必备的服饰单品。塑身衣和文胸产品被越来越多的人指控成束缚压抑、不舒服和虚假的象征。20世纪80年代健美风潮的兴起，促使人们积极地通过锻炼达到健美而强壮的体格，从而取代塑身衣对于身体的塑造。

（一）朋克风格的影响

“朋克”风格是20世纪70年代在伦敦出现的一种独特的风格样式，是一些年轻人对旧有习俗以及价值观的一种反叛。他们用吵闹的摇滚乐、奇装异服、夸张的装饰来表达自己的不满情绪，塑身衣成为他们反抗的一种物化手段。设计师薇薇安·韦斯特伍德（Vivienne Westwood）和蒂埃里·穆勒（Thierry Mugler）用束缚作为其无政府风格的设计灵感，如

图1-65所示。韦斯特伍德用皮革和橡胶作成的塑身衣样式时装，既像矫形衣又像施虐、受虐狂的着装。这种塑身衣作为外穿服装，在当时的伦敦再次成为时尚的焦点。这种风格逐渐被商业化，进入主流服装、文化领域。纵观整个20世纪80年代，很多设计师的设计作品有着“朋克”风格，可看出韦斯特伍德对青年设计师的影响。

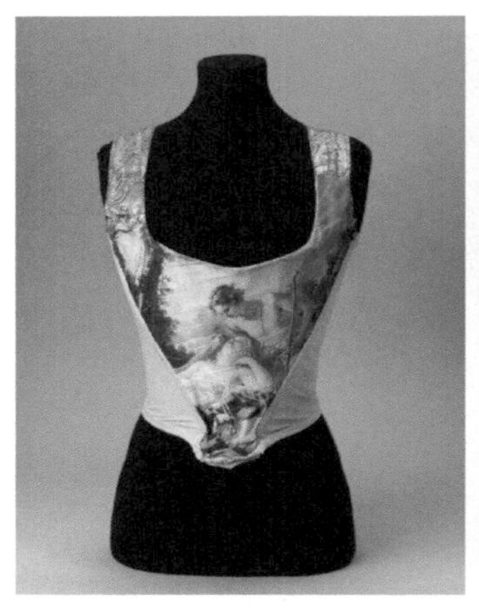

图1-65 设计师薇薇安·韦斯特伍德和蒂埃里·穆勒设计的“朋克风”紧身衣

（二）内衣外穿

设计师让·保罗·戈尔捷（Jean paul galtier）是推动胸衣外穿的先驱者，他在1990年为明星麦当娜（Madonna）“金发女郎的雄心”巡回演出时设计的时装（如图1-66左图所示）成为时装界的头条新闻。他设计的雕塑状的、建筑物式的圆锥形胸部造型是对20世纪50年代的怀旧，其所采用的螺旋形缝法又让一些塑身衣和前胸散开的衣着重新成为时尚流行起来。经过淡化处理的麦当娜风格的款式，穿上牛仔裤，配以塑身衣和胸褡的内衣外穿方式流行至今。图1-67所示为设计师薇薇安·韦斯特伍德（Vivienne Westwood）设计的外穿礼服（1990年），图1-68所示为设计师克里斯蒂安·拉夸（Christian Lacroix）设计的有塑身衣结构的晚礼服（1997年）。

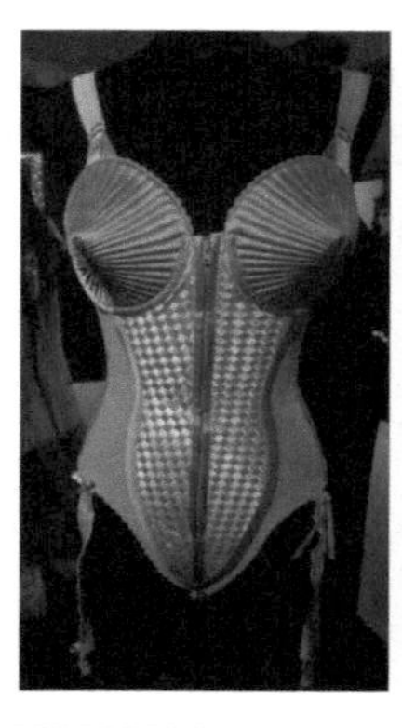

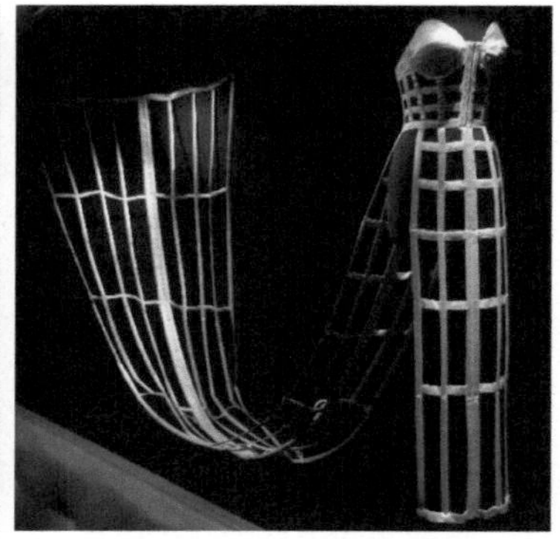

图1-66 设计师让·保罗·戈尔捷设计的塑身衣

图1-67 设计师薇薇安·韦斯特伍德（Vivienne Westwood）设计的外穿礼服（1990年）

图1-68 设计师克里斯蒂安·拉夸（Christian Lacroix）设计的有塑身衣结构的晚礼服（1997年）

内衣与外衣之间的区别已经模糊，塑身衣已成为多种产品的汇集之作，它也是造型的基础。正如迪奥所说："没有时装的基础，就不会有时装的时尚。"塑身衣不像人们想象的那样消失在当代人们的衣橱中，而以新的面貌满足人们的需求。在图1-69所示设计师蒂埃里·穆勒（Thierry Mugler）奇幻的色彩与新奇的设计作品中，常看到设计师对于腰型的塑造参考了古典塑身衣的结构。

图1-69 设计师蒂埃里·穆勒（Thierry Mugler）的设计作品

第六节

21世纪塑身衣的发展——功能优良

当今的塑身衣多是集文胸、束腹和束裤于一身的多功能产品。其功能主要是支持和提升胸部和臀部，塑造腰型，支撑背部，抑制小腹，调整体内脂肪分布，塑造优美曲线。在塑造体形的同时又能感受到舒适感，科技面料与智能服装的概念为塑身衣的市场增加了高附加值，为女性带来不同的体验和享受，塑身衣的功能也从原来塑造形体变为能够改变身型、保健、辅助治疗等多种功能。

一、多功能的塑身衣

（一）文胸款塑身衣

文胸款塑身衣是通过杯型结构分割不同、腰位的高低不同、有无肩带等进行分类的。以罩杯的容量分为全杯、3/4杯、1/2杯或抹胸等款式，从缝制工艺、选用材料分为模杯、夹棉和单层等款式，从衣身下扒的长度分为短款、中长款、长款，如图1-70、图1-71所示。

图1-70 Dolce & Gabbana文胸款塑身衣（2023年）

图1-71 抹胸款塑身衣和全罩杯款塑身衣

（二）腰封

腰封主要用于腰部塑形，也称束腹带，是为修饰腰部而设计的塑身衣。常用于产后修复或者腹部肥胖者塑形穿着，图1-72所示为不同造型的腰封款。

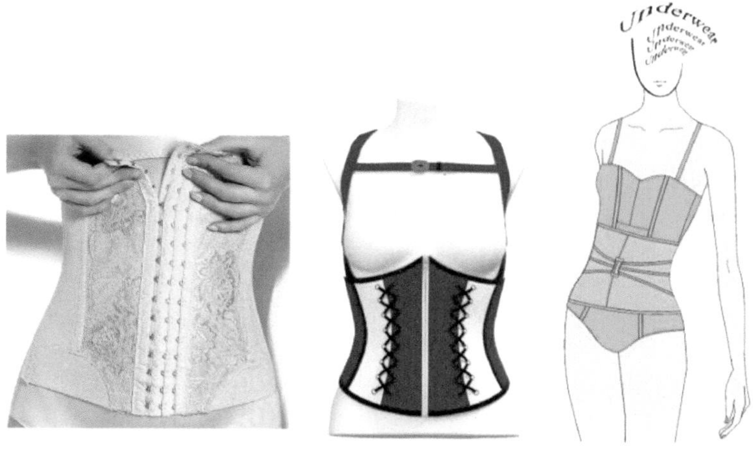

图1-72　不同造型的腰封

（三）束裤

束裤的种类和长度也很丰富。有按照腰线高低分类、按照腿长度分类、按照压力和弹性分类以及按照塑形部位不同分类等。中高腰的结合腰封造型，多采用菱形裁剪或双层面料缝合，加大回弹力，束紧腰部两侧和腹部。束裤收口造型，通过分割结构线和面料弹性，具有修饰臀型和腿型的功能，图1-73和图1-74所示的不同款束裤。

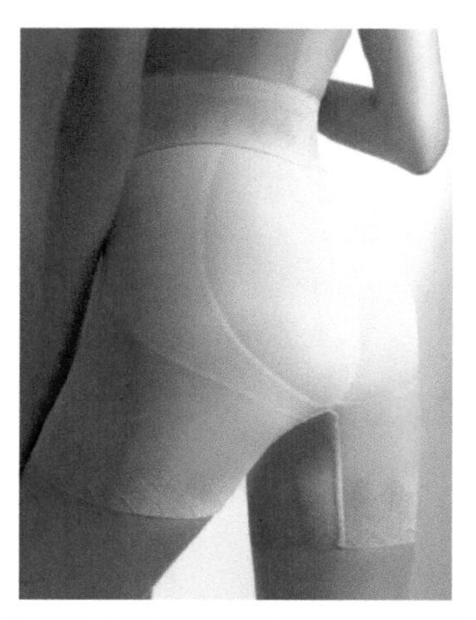

图1-73　安莉芳品牌的束裤（2023年）

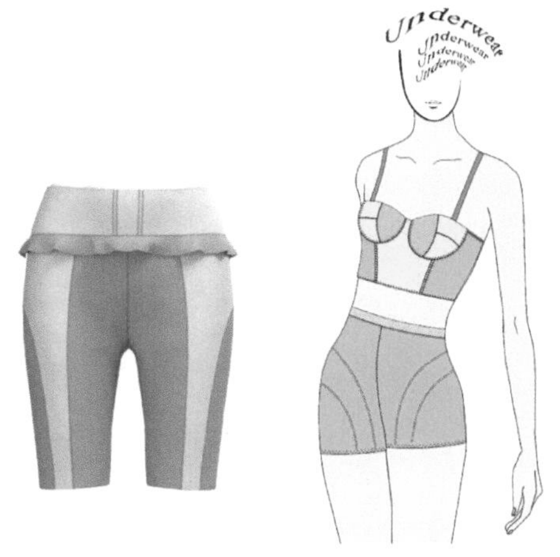

图1-74　收口长短不同的束裤

（四）连体塑身衣

连体塑身衣对胸、腰、臀、大腿等各个塑型部位的一体化结构设计，对身躯形成整体塑型效果，避免了单款对身体压力造成局部脂肪溢出的尴尬感。图1-75和1-76所示为不同风格的连体塑身衣。

图1-75 安莉芳品牌连体塑身衣（2023年）

图1-76 繁、简分割设计的连体塑身衣

（五）背背佳

背背佳主要是针对背部的调整，具有挺拔肩背、扩拉前肩的作用，比如改善圆肩驼背、含胸等不良身姿。背背佳也可以和腰封一起对身体进行塑形调整，图1-77所示为不同功能的背背佳款。

图1-77 不同功能的背背佳

二、科技力量对塑身衣的推动

内衣和运动装市场是最早提出使用所谓“智能”服装的市场。商家会不断利用科技给内衣增加高附加值，如Dim品牌已经推出有润肤、瘦身甚至按摩功能的塑身衣；黛安芬的“乳液”内衣系列就包含一种用芦荟微胶囊制成的润肤霜；智能面料使得服装具有抗菌、调节体温、防紫外线等功效。

塑身塑身衣最重要的就是无需撑骨、舒适并具备良好的塑型性，因此，各种极为柔软、富有弹性的面料应运而生。随着人们对健康的追求，塑身衣除了具备塑型功能外，又提出了“保健”的概念，比如在塑型部位的面料里加入火山石或石墨烯等材料，使其在穴位点发热保暖，起到暖宫、活血等保健功效，如图1-78所示。

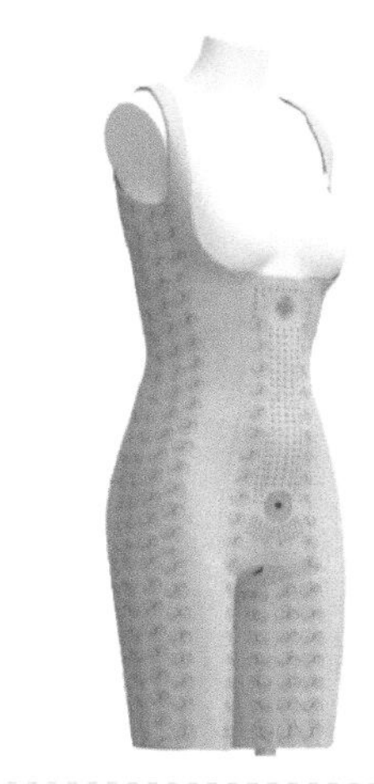

图1-78　缔妒品牌穴位带发热功能的连体塑身衣（2022年）

塑身衣历史的演变为我们展现了人们对身体的认知与塑型的图卷。从中可以看到塑身衣作为改善体形的一种手段，对女性的生活有着深远的影响。苏珊·布朗米勒认为，“如果不穿紧身内衣，任何关于女性身体的描述都不具有实质意义，因为‘它是束身史中的主角’。”然而，对“身型”的认知，随着时代文明的发展、女权意识的提升，“自由、自然、健康”的身体才是人们追求的本质。人们普遍认为过去的塑身衣僵硬、抑制身体的生长发育，使得身体变得畸形，是压抑身体的服装典型代表，与和现今让人放松的“自由”服装形成鲜明对比。

在人类的历史发展中，拥有不同文化背景的人们在装扮自己的时候，都会以当时的流行风尚为标杆，也是按照不同的文化需要调整自己。漫长的岁月中，人们不断地加深对自身的认知，对于“身体”功能的拓宽，使其不仅具有生物学上的意义，更多的是社会学上的象征意义。研究塑身衣的历史，使我们能更加深刻地理解人类活动的方式与意义。

第二章
文胸的发展

文胸在女性内衣史中是一种发明较晚的产品。回溯历史，可以从古希腊、古罗马的雕像或壁画上看到文胸的雏形（如图2-1所示），但只是历史中的一个小碎片，没有后续的发展与延伸的例证。女性的胸部一直被塑身衣包裹着，直到19世纪中后期，随着社会生活方式的变化，女性的衣着方式也产生了变化。越来越多的人走向户外进行各种运动，网球、高尔夫球和骑自行车等流行的娱乐活动将下胸衣（束腰）引入女性的衣橱。女性的乳房失去了原有的支撑，需要有新的方式来解决这一问题。因此很快便出现了单独的“文胸”，以满足对胸部的支撑和提升，由此开始，文胸成为女性内衣中重要的组成部分。当今，文胸已经是内衣行业最主要、最多彩的产品。

图2-1 古罗马马赛克镶嵌画中展现的束胸

第一节 文胸的启蒙阶段

19世纪初，当帝政式高腰长袍成为主流的服装款式，为了使身体曲线更加飘逸自然，束缚躯干的紧身胸衣不再成为必须的内搭配饰。一种没有鲸骨的白棉布短裹胸包裹并支撑着女性的胸部，使其呈现出圆润而自然的美感。胸部凸起的造型通过两个省来塑造，两条绑带由后背延伸到前胸并系于前中，既加强了对胸部的承托，又能根据女性身体微妙的变化在穿着时进行调整，这一款式的出现，为此后文胸的结构设计打下了良好的基础，如图2-2所示。

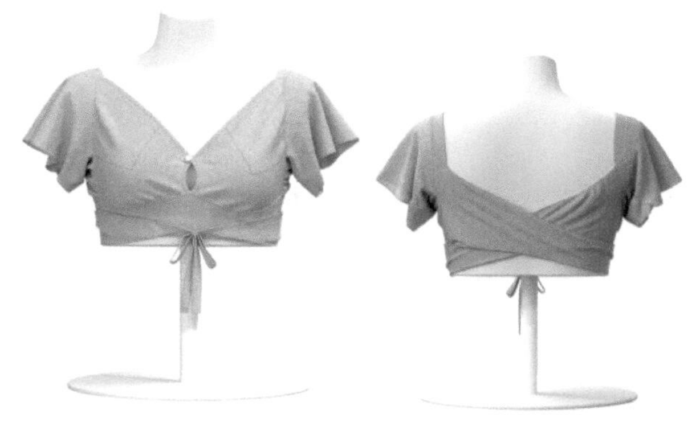

图2-2 裹胸衣（V&A博物馆藏，1800—1830年）

19世纪末，当塑身衣上端移到胸部下，胸部就被释放了出来。然而人们发现，在运动中胸部需要支撑，因此带有肩带的文胸应运而生。文胸英文叫Brassiere，源自英文的“裹胸”（bust bodice），现在用英文简写Bra来代表文胸。

一、背带式文胸

19世纪末，为了配合爱德华风格的“S”造型，内衣也出现了相应的变化。塑身衣不再包裹着胸部，由此产生了背心式的文胸（英文也称Brassiere）。这一款式常搭配束腰穿着，穿在束腰外或内都可以，因此有人也称其为Corset-cover。这种文胸常用白色棉布制作而成，有时为使胸部显得更加丰满而装饰上层层叠叠的蕾丝花边，配合着胸衣将身体塑造成当时流行的造型，如图2-3所示。

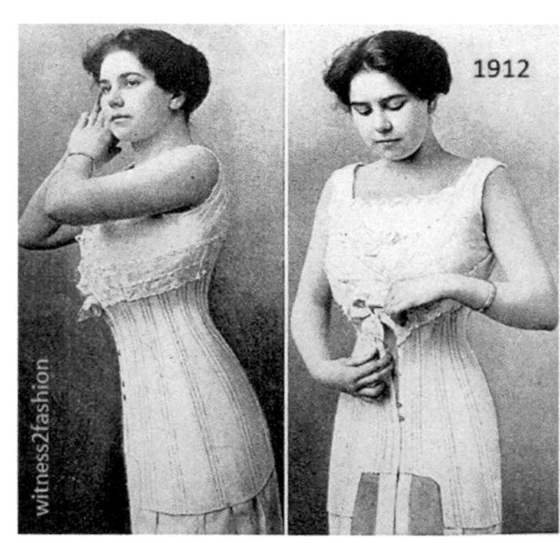

图2-3　19世纪末至20世纪初的内衣广告

1889年，赫米尼·卡多勒制作了一款“舒适”文胸，这便是第一代文胸。这种款式的文胸使女性的上身得到解放，用吊带支撑胸部，借助侧面的系扣令内衣给皮肤带来的压力得以分散，背带式文胸用镂空人字斜纹布制成，绣有花边，肩带和背部系扣带均为缎带，镶褶布条固定侧面，如图2-4所示。此款文胸减少了对胸部的压迫，相对减少对胸部的承托，胸部形成左右两个裁片，形成现代意义上的文胸。随后用同样原理制作的各种文胸款式开始进入女性的衣橱，如图2-5所示。

图2-4　背带式文胸（约1900年）

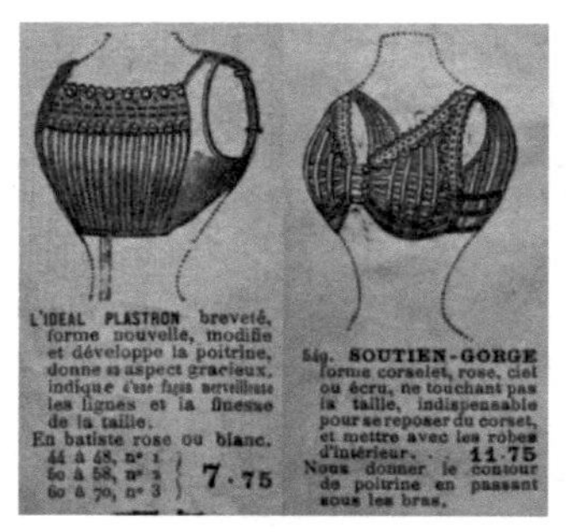

图2-5　文胸广告（1901年）

二、美国的第一款文胸

20世纪10年代开始，束腰不再走俏，特别是热衷于新探戈舞的女性为更加灵活的起舞放弃穿着束腰。美国年轻女子玛丽·费尔普斯·杰考布斯（Mary Phelps Jacobs），后来改名为克瑞丝·可丝比（Caresee Crosby）就鄙视束腰。她在1913年参加一次舞会时，厌倦了僵硬的紧身胸衣，于是在法国女佣的帮助下，用两条手帕加上一条粉红色丝带制作了一件无骨撑、裸露腰腹的文胸内衣。随后她为周围的女友制作了很多同样款式的文胸，并于1914年以克瑞丝·可丝比（Caresee Crosby）的名字申请了美国第一件专利文胸。用手帕作为罩杯，用新生儿衣物的细带作为文胸的系扣部分，构成了文胸的雏形，后来华纳公司购买了此项专利，并将罩杯设计成了三角形，如图2-6所示。

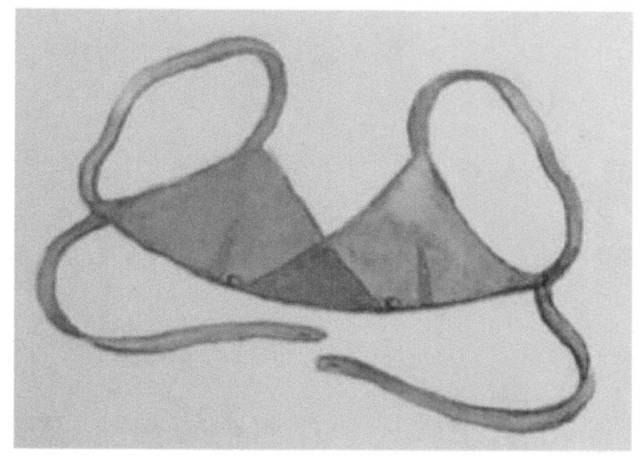

图2-6 美国的第一款文胸（1913年）

三、孕妇文胸

早期的文胸有各种各样的设计，也会考虑女性身体在不同阶段的特殊需求。比如第一次世界大战前的生活指导小册子，曾教导孕妇如何在家用未漂染的棉布自制“22.86cm（9英寸）宽的胸衣”。这种简易胸衣肩膀处有肩带，前胸处还加有胸垫托住乳房，如图2-7所示。生活指导小册子上还标明：“要在双乳处切开两个小洞，以免胸罩压迫乳头”。

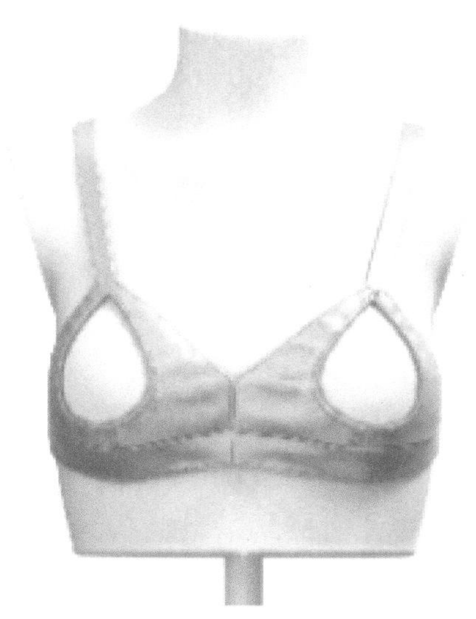

图2-7 孕妇文胸

四、裹胸式文胸

和塑身衣一样，文胸的样式也一直随着时尚趋势而变化。在20世纪20年代，平坦的胸型成为当时的流行，女性不再需要借助人工手段使胸部坚挺。裹胸式文胸也因这一审美趋势而流行开来。与流行的针织款裹胸不同，这类文胸有左右罩杯结构，细肩带，网面文胸或丝绸与蕾丝花边搭配的罩杯，无骨撑，背部扣纽扣，属于文胸类而不是打底衬衣，如图2-8所示。

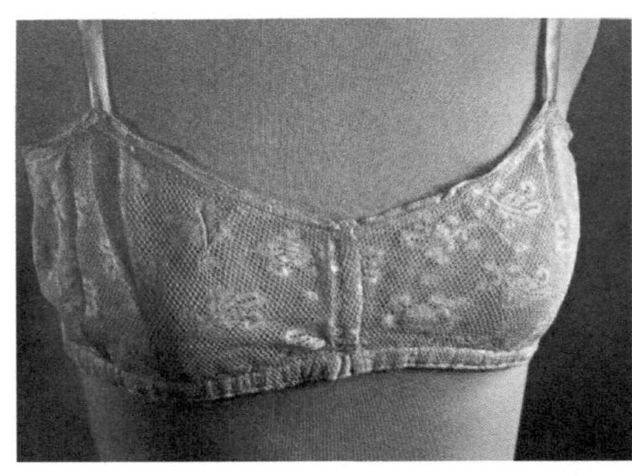
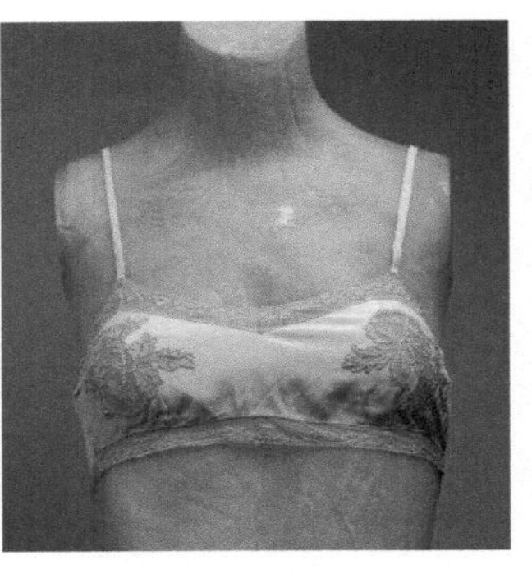

图2-8 裹胸式文胸（约1925年）

第二节

现代文胸的发展

流行时尚一直在强调胸部的造型，从20世纪初开始，文胸成为女性内衣中最为重要的部分。文胸可将女性的乳房上提、变大、撑起、束紧、勒平、显露或遮掩，不同造型的文胸将女性的胸部塑造成不同的轮廓，为外装的流行造型打下内在的基础，成为时尚的新宠。20世纪新面料不断出现，并在内衣领域得到广泛应用，为文胸的设计提供了更多的可能性。20世纪社会生活的方式也发生了巨大的变化。更多女性走入各种工作岗位，并积极参加体育运动，比如网球、骑马和滑雪等，由此，文胸为了适应新的穿着功能变得越来越柔软舒适，文胸后背与肩带必须有弹性，以满足运动时身体扭曲所需的弹性量。同时，所有文胸制造商均意识到文胸与乳房形状大小有重要关联，不断推出适合不同胸型、不同穿着要求的、多号型尺码的文胸，以满足各类女性对不同胸部造型的需求。

20世纪30~50年代，是文胸快速发展的时代。体现女性特征美的服装与服饰引人注目，各式各样的文胸出现在市场上。文胸的材料有绸缎、蕾丝花边、网纱、麻纱等。文胸的装饰手法也变化万千，有些在罩杯下部钉线，有些镶装饰性的边，更多的则是薄绸、人造丝织物和绫绸纱上辑明线，旁边有扣合件或吊带。1937年，杜邦公司发明了革命性材料——尼龙，尼龙面料结实耐用、质感轻软，既可用于梭织面料又可用于针织面料。尼龙是制作文胸的理想材料，因为它易洗、易干且免熨，从1938年开始流行，到20世纪40年代后期，它在文胸上的效用得到了广泛的认可。20世纪50年代，更多舒适而质轻的人造纤维应用于女式内衣中。文胸的材质更加丰富多彩，包括茧绸、棉布、网状缎、织锦、尼龙、强力网、平纹绸、缎类、薄绸等。此时女式内衣公司销售带有橡胶海绵和塑料填充物、衬垫、环形缝线及其他精致造型的文胸来扩胸、上提和增大乳间距。

文胸的结构分割线也是设计的重点，因为它塑造的独特胸形，通过当时流行的贴身套头衫展现了女性胸部轮廓的魅力。文胸在用色上很富有女人味，如粉红、桃红、茶红色、杏黄等，但大多数女性还是喜欢白色文胸。黑色文胸，在当时则是专供富豪阶层享用的。

一、20世纪30年代文胸的变化与发展

（一）凯丝脱斯文胸的流行

当文胸开始成为女性的一种日常穿着用品后，凯丝脱斯公司的董事长罗萨琳·克琳（Rosalind Klin）女士就开始试验新形式的文胸。她设计的“凯丝脱斯文胸”在当时风靡欧美市场，样式有点像克瑞丝·可丝比（Caresee Crosby）的文胸，她把两块丝绸材质，有机器绣花的手绢连在一起，前面交搭，罩杯有省道以便立体显形，然后系上肩带。为了获得更好的支撑力，系上松紧带交叉于背后并且固定在罩杯下方，如图2-9所示。这种设计不会提供太大的提升力和鼓胀感，它的轻体积补充了胸部的圆滑性。这种文胸款式简单，价格实惠。自此，女性胸罩可贴身穿着，不再隔着打底衬衣穿着。这种背后交叉吊带的设计，在20世纪30年代很受欢迎，一直延续到50年代初，甚至影响了睡衣和泳装的设计。

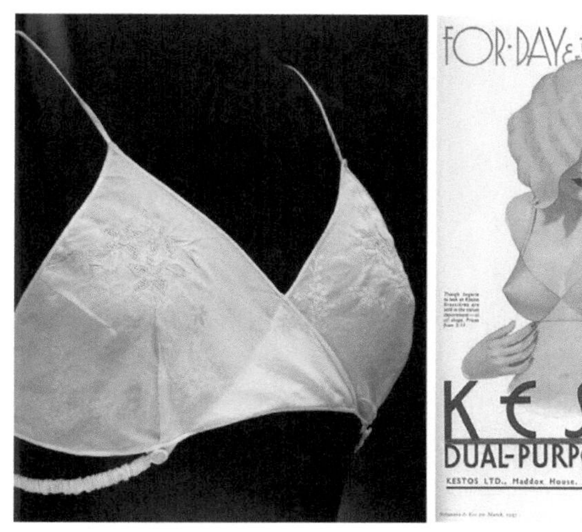

图2-9　凯丝脱斯文胸及当时的宣传广告（1930年代，英国）

（二）标准化罩杯尺寸的推广

过去的文胸裁缝会用一些特定的词来指代特定的胸围大小，比如“公主杯”“皇后杯”，不同胸围的客人可以用这些词来告诉裁缝自己需要的胸罩尺寸。在20世纪30年代，随着人们对购衣更加讲究及文胸规模化生产的发展，相应的测量数据也变得更加复杂。马歇尔及斯内尔格罗夫百货公司（Marshall & Snelgrove）生产了一系列不同围度尺寸的文胸，胸衣型号标注从32~38号，共4个号型。这种文胸号型是一种主观的判断，就像将服装号型分为“小号”“大号”“特大号”一样，便于理解和识别，但渐渐地32~38号的四个号型已经不能满足不同胸型的女性需求。在1935年，华纳公司第一次明确了胸围大小和双乳大小的区别，提出了罩杯的概念，所生产的A罩杯、B罩杯、C罩杯、D罩杯文胸大受欢迎，如图2-10所示。20世纪50年代，华纳公司还这样为自己公司的产品刊登广告：“亲爱的，对我们来说，你的胸永远不能被称为‘均码’，华纳知道自然赋予的身体，永远不可能用一种标准衡量，我

图2-10 不同号型罩杯的广告示意图

们的三重数据文胸就是为你设计的，只为独特的你。”从那时开始，这种分类方法成为了文胸号型设置的标准方法沿用至今，并在此基础上不断细化。

（三）装饰衬垫的流行

20世纪20年代末，西方社会的审美已经不流行平胸，对丰满胸部的偏好逐渐升温。30年代，晚礼服受巴黎女装设计师马德琳·维奥内（Madeleine Vionnet）的影响而富有自然褶皱并紧贴身体。巴黎女装设计师阿利克斯·格雷斯（Alix Gres）所设计的精致的缀有褶皱的丝质贴身连衣裙，如图2-11所示，展现女性曼妙的身体轮廓，胸部的曲线尤为突出。因这一时尚趋势，内衣制造商们开始在文胸中加入撑骨和衬垫，为罩杯增添了细带、皱褶和胸垫等填充物。这可将瘦小的女性乳房衬托得更加丰满、自然。以图2-12文胸样式为例，其体现了两种设计元素的结合，将两块三角形棉质布料缝合在一起的凯丝脱斯罩杯，再用蕾丝花边沿着胸型绕成同心花立体图案，通过这种装饰的堆砌来塑造丰满的胸部造型。

图2-11 阿利克斯·格雷斯（Alix Gres）设计的作品

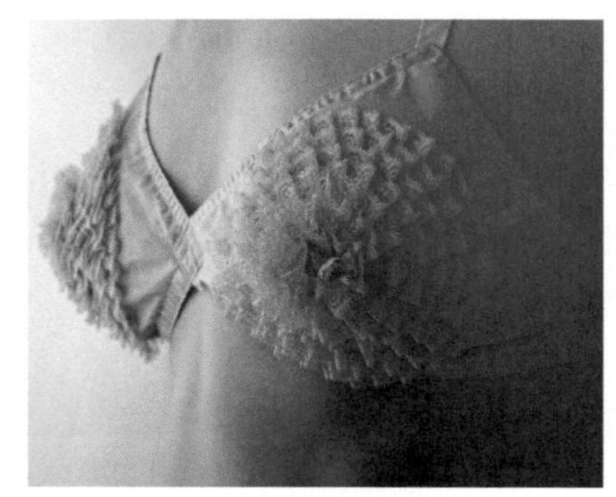

图2-12 饰有朱罗纱镶贴的罩杯（约1930年）

（四）无肩带文胸

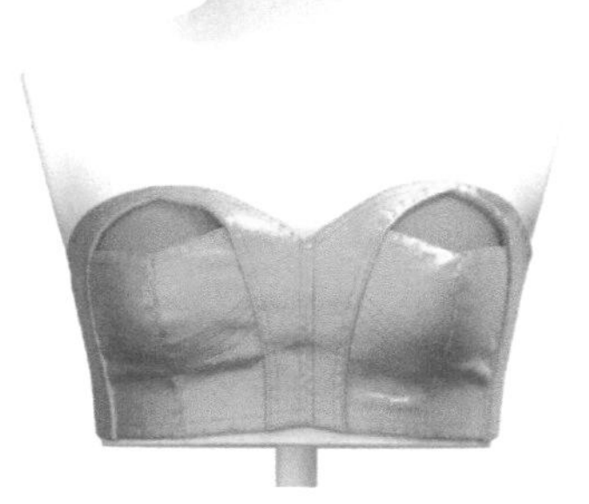

图2-13 多片分割塑型的文胸（1953年，英国）

20世纪30年代，带有古典风格造型的修长服装成为时尚的主流。为适应当时流行的露肩背晚礼服，产生了第一件无肩带文胸。没有肩带的支撑，文胸需要有合理的分割线及支撑物来承托胸部，塑造完美外型。如图2-13所示的文胸，材质为缎面人造丝，内部配有钢圈。文胸在结构设计上采用胸部公主线、胸侧部和中间的分割线塑造出丰满的胸型，这样的塑型方式更接近于古典束身衣的结构。20世纪30年代后期，裁剪讲究的女式套装开始流行。带骨撑或金属撑的文胸可以使胸部呈现出较为挺实的轮廓，从而满足当时对人体轮廓的要求。

二、20世纪50年代文胸的变化与发展

（一）钢圈文胸的流行

文胸的金属配件曾在19世纪末的专利和广告中出现，但我们所知的罩杯下围加入金属丝的文胸是在20世纪30年代推出的。1931年，Helene Pons代表纽约的Van Raalte公司获得了一项专利。该专利是一种开放式线圈，绕着每个乳房的下侧弯曲，金属丝用于分离和支撑乳房，也就是我们现在说的“钢圈”。这种带钢圈的文胸在30年代开始出现在市场上，但是第二次世界大战阻碍了它的发展。因为当时钢铁被征用于战争，其供应受到严格控制，内衣钢圈的应用因此受到限制。战后，带钢圈的文胸重新进入市场并得到普及。它能为胸部提供支撑和塑形，创造出挺拔、圆润的胸型。如图2-14所示，将文胸罩杯分开并在罩杯间勾勒出圆拱形的铁撑，成为了一件让人优雅却又折磨人的工具。

图2-14 U形金属连接的钢圈文胸（1957年）

（二）锥形文胸的流行

20世纪50年代，锥形文胸大受欢迎，它又被称作“子弹形文胸”“少女鱼雷”等，如图2-15所示。但是它有一个明显的缺点：文胸的尖端容易被衣服压塌。于是一些制造商就在文胸尖端部位加入棉花或者羊毛作为填充物。结合环形明线缝纫法，在罩杯顶点处缝入硬实的填充物。这种造型别致的文胸为针织套头衫的流行打下了极好的基础。这种套头衫配合锥形文胸的穿着方式呈现出当时最流行的前凸外观，并于1957年达到最高峰，如图2-16所示。

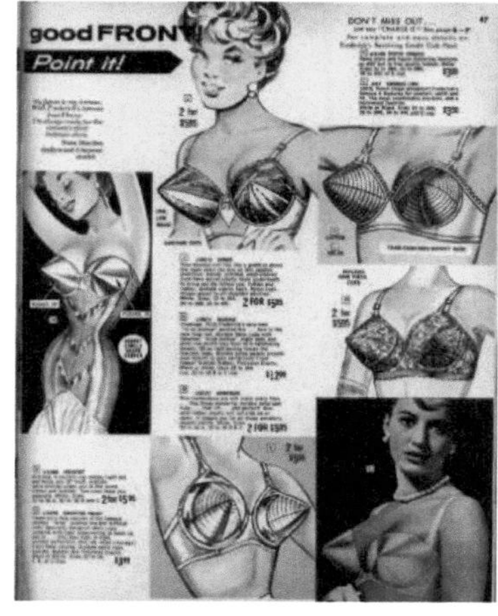

图2-15 锥形文胸宣传广告（1950年）

图2-16 电影女星梦露穿锥形文胸及套头衫（1965年）

在20世纪20年代末至30年代初，环形明线线迹缝纫技术的革新使得文胸更加引人注目。新型线迹常配合锥形罩杯，在20世纪50年代大为流行。罩杯上面的明线线迹是用连续的针法做成的，完美地显示出圆的轮廓线，起到了分隔作用，并有助于罩杯上提隆起，如图2-17所示。

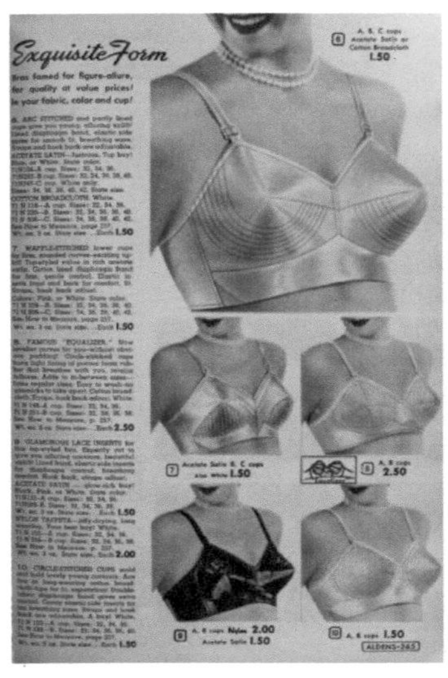

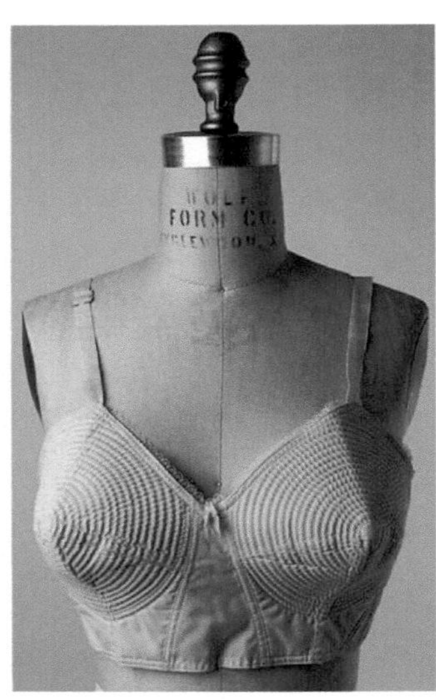
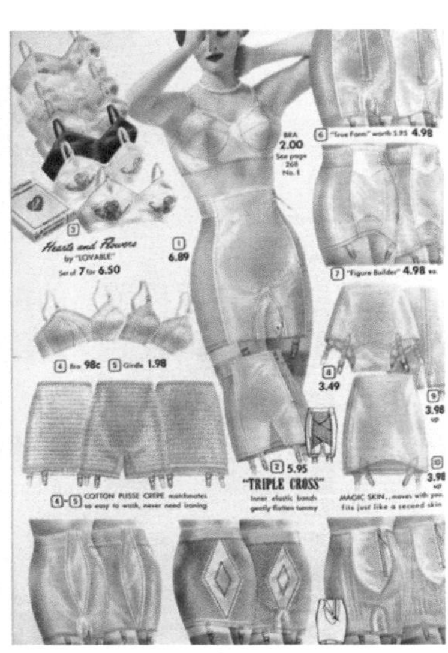

图2-17　环形明线线迹的圆锥形罩杯文胸及流行的内衣穿着图片（1950年代）

三、20世纪60、70年代文胸的变化与发展

20世纪60年代，时尚界经历了一场逆转。第二次世界大战后，西方政府为了弥补战争带来的萧条，鼓励人们多生育。在“婴儿潮”背景下成长的一代，于20世纪60年代进入了时尚消费市场。15~25岁的人群成为了市场的新客户群体。1963年，法国国家统计及经济研究所的调查报告显示：青少年是服装方面消费最多的群体。这一代拥有崭新的购买力及新的审美。商品的销售必须应对一次人口结构数量的重大改变。社会地位处于上升阶段的中产阶级们有能力给孩子零用钱，而充分的就业也使得职场的年轻人有足够的收入来满足自己的喜好，因此市场将青少年专门作为一个年龄阶层来考虑：必须有符合他们品位的时装市场。1968年在美国亚特兰大市爆发的反对种族歧视、反对消费主义、抗议“美国小姐”选美游行，很多女权主义者都加入到这场游行，并象征性地将文胸、紧身衣等传统女性服装扔进垃圾桶，如图2-18所示。这样的画面出现在电视屏幕上，成为女性解放的信号。虽然大胆的女性不再穿文胸，但由网纱和轻薄棉布制作的轻型文胸成了年轻女性的首选。女性并非要把乳房塑造成某种特殊的形状，而是尝试将其舒适地遮掩起来。20世纪60年代开始，内衣不再是美丽高贵型，而是青春活力的样式。

（一）年轻化的图案与色彩

在20世纪50年代末，染色技术的改进使得稳定而明亮的颜色在商业产品上大量使用。

活泼大胆的图案和鲜艳的颜色被运用在各种类型的内衣上，与20世纪60年代初青少年革命性的风格相吻合。图2-19这款藏于维多利亚与阿尔伯特博物馆的棉质印花图案的文胸，展示了从20世纪50年代圆锥形的造型到60年代更柔和的圆形造型和结构风格的变化。相较20世纪50年代的罩杯结构线，此时的分割线除了在胸部中间有一条水平缝，在下侧还有一条垂直缝，使胸部的造型更加圆润挺拔。这一垂直的分割线也可以起到加固胸下部面料的作用，使文胸能更好地承托胸部。文胸罩杯整体向上延伸至肩部，与背部弹性带相接，以方便根据胸部调节肩带的压力，增加文胸的舒适贴合感。粉红色搭配白色圆点图案，使文胸呈现活泼可爱的青春气息。

图2-18 20世纪60年代女性公开抗议内衣的约束

图2-19 棉质印花图案的文胸（1960年，英国）

（二）透明文胸

在20世纪60年代，像崔姬（Twiggy）这样的模特所代表的瘦削身材的青少年成为时尚偶像，如图2-20所示。长筒袜和吊带被紧身裤所取代，内裤也使用了莱卡面料。时装设计师们正在试验新的面料和结构。充满朝气的时尚风尚鼓励着设计师不断地推出大胆前卫的设计。1964年，美国时装设计师鲁迪·格恩里奇（Rudi Gernreich）推出了透明上衣，他设计的无上装比基尼（monokini）被许多人视为宣传噱头。同年，美国的一个内衣公司委托他设计了一款文胸，名为“透明文胸”，文胸附带的一张卡片上有一张鲁迪·格恩里奇的照片，还有以下背景信息：“这位曾设计无上装泳衣和透明晚礼服的革命性设计师，以自然的裸体造型而闻名，即使是在他的隐形时装中也是如此。这就是为什么在所有的设计师中，他设计文胸是新闻。‘透明文胸’让你拥有年轻、自然的外观。”鲁迪·格恩里奇（Rudi Gernreich）推出的薄尼龙针织精美系列样式“透明文胸”，有白色、黑色和最

图2-20 20世纪60年代超模Twiggy（特维奇）

受欢迎的肉色，如图2-21所示。这款文胸取得了成功，并引发了一波模仿浪潮，正如1965年3月《时代》杂志报道的那样，鲁迪·格恩里奇（Rudi Gernreich）的“透明文胸”和华纳（Warner）的“紧身袜”已经证明，它们是发展肉色衣服的领跑者，这些衣物看起来像第二层皮肤。这款文胸的罩杯由两个透明的尼龙三角形组成，在中心前部有一个轻微的重叠，并延伸到挂钩和背后扣件。罩杯的形状带有对角省道，它非常轻，提供的支撑力很小，适合不太需要胸部支撑的女性穿着，或者是那些接受了“丢弃文胸”观念，但习惯了穿文胸却又要迎合时尚的女士。

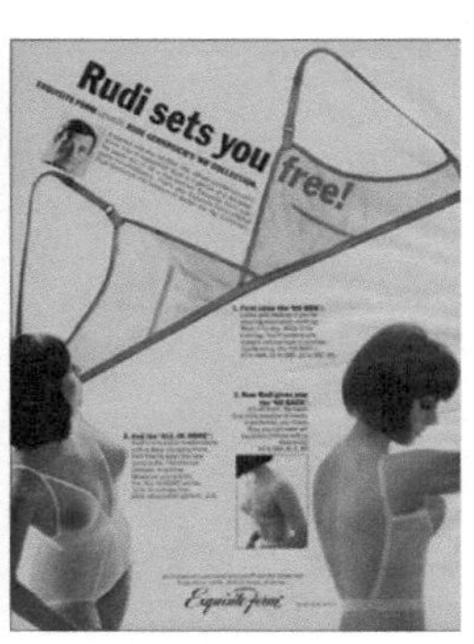

图2-21　鲁迪·格恩里奇设计的“透明文胸”及内衣广告

图2-22　可调节肩带的露背文胸

（三）露背文胸

20世纪60年代，理想的女子体态从丰满转变成瘦高、苗条的男孩式样，以至于人们除非见到她们的内衣，否则真是雌雄难辨。时装中性化风潮使一些大胆的女性继续不戴文胸。尽管新式文胸品种繁多，但大多数都是透明织物做的，以显示乳房的自然形状。20世纪70年代初，罩杯极少呈圆形，有些乳沟处开得很低，后背和肩带均窄。露背文胸在1972年开始被女性采用，其肩带可调节，如图2-22所示为华歌尔品牌文胸。文胸的颜色更加丰富多彩，有鲜艳的橙色、黄色、青绿色、暗红色……早在20世纪30年代，就出现了可调节吊带的文胸，调节后的文胸可以搭配裸背晚礼服穿着。70年代，裸露的身体成为活力和快乐的代名词，在这种潮流的引导下，当时的内衣和泳装的美学理念非常相似，交叉吊带式隐形系扣构成（如图2-22所示）的线条装饰着背部。

四、20世纪80、90年代文胸的变化与发展

20世纪80年代，莱卡这种新型纺织材料在市场上大行其道。早在20世纪50年代末，一直处于领先地位的杜邦公司（Du Pont Company）发明了莱卡（Lycra）面料，莱卡面料是由两种纤维制成的极有弹性的面料，一种是合成纤维（聚酯或酰亚胺），占85%，另一种

是非常轻的弹性纤维（氨纶），占15%。这种面料柔软且弹性高，可以拉伸到自身长度的四至五倍，并能恢复原状。丝绸等天然纤维或合成纤维与2%~4%的莱卡混合后，可以制成一种紧贴身体且舒适的面料，很大程度减少了扣子、拉链等固件在内衣上的应用。各大内衣公司都竞相将这种面料用于内衣产品的开发，80年代后期莱卡以其完美的造型能力，从内衣到外衣，进入时尚界的每一个角落。

（一）运动文胸

从20世纪70年代开始，最受欢迎的身材是苗条而健美的，因此锻炼成为控制身材的时尚方法，健身裤及运动型内衣开始登上时尚舞台。1977年，美国设计师Hinda Miller和Lisa Lindahl设计了一款由两条肩带制成的运动文胸，以防止女性在运动时胸部颤动。起初，运动文胸的工作原理是压缩乳房，但合成弹力面料的发展，很快就让复杂的支撑和透气服装成为可能。图2-23所示的运动文胸是1983年推出的由一种叫做Tactel的弹性尼龙材料制成的。它非常适合运动，经久耐用，透气性好，易干。它有棉的柔软，有非常高的张力，不需要靠接缝来提供适当的支撑。这种材料会拉伸以适合身体，并能在脱下后保持原来的形状。运动文胸从此成为内衣中一个重要的分支，内衣公司和运动服装品牌不断推出新的系列设计，以满足消费者在功能上的要求及对美的追求。

图2-23 Tactel弹性尼龙运动文胸（1983年）

（二）文胸与时尚的结合

受女性解放运动及健美风尚的影响，女性更加大方与自信地展现自己的身体与内在。20世纪80年代，设计师们不断设计各种文胸与流行的贴身式服装相配，也常把文胸用在他们独特的时装作品之中。女士文胸的奢华风格从20世纪70年代末开始流行，文胸与丝绸或缎子面料的日装和晚装相结合，既美观又宜穿，此时内衣与外衣界线已模糊。女士们紧跟设计师引导的时尚，并使各种品牌的创造人成为时装业的著名偶像。让·保罗·戈尔捷（Jean paul galtier）、希尔瑞·玛格勒（Thierry Mugler）、克洛德·蒙塔纳（Claude Montana）和阿塞丁·阿莱亚（Azzedine Alaia）均在赋予服装体感强烈的革新家之列。以薇薇安·韦斯特伍德（Vivienne Westwood）、让·保罗·戈尔捷（Jean paul galtier）

图2-24 瓦尔·皮里奥设计的作品（1991年）

和瓦尔·皮里奥（Val Piriou）为代表，围绕着文胸、紧身胸衣，创造出了各式各样的作品，如图2-24所示为瓦尔·皮里奥设计的作品。让·保罗·戈尔捷在1983年设计的款式，使文胸在狭长而多层的内衣中隐约可见，后来又设计了可见乳房的丝绒开衩内衣。他还将粉红香水瓶设计成紧身胸衣的形状；阿塞丁·阿莱亚将手提包制作成小型束胸衣的样式，从而让文胸进入配饰领域。伊夫·圣洛朗（Yves Saint Laurent）于1985年将裙子变短，使人们将更多的注意力吸引到大腿和乳房上；阿塞丁·阿莱亚1982年在纽约推出了首次基于莱卡设计的时装表演。他的时装款式到1987年依然很受欢迎，穿着由莱卡面料制作的时装的女性越来越多，其贴身的效果使胸部造型又一次成为时装的焦点，人们又回到了圆润丰满的胸部时代，圆形罩杯和金属骨撑回归，20世纪70年代经营惨淡的蕾丝花边行业开始复苏。图2-25所示为薇薇安·韦斯特伍德1982年设计的作品。

图2-25 薇薇安·韦斯特伍德（Vivienne Westwood）1982年设计的作品

（三）插片式文胸

戈萨德品牌（Gossard）于1997年推出了插片式文胸（Ultrabra），其广告语为："Ultrabra，创造终极乳沟"。随后，该系列又增加了新产品，包括"Ultrabra完美""Ultrabra闪耀"和"Ultrabra超级助推"。插片式文胸是一种低鸡心文胸，接缝以高斜角切割，罩杯底部填充了大量衬垫，通过侧拉片和衬垫罩杯的组合，形成向上、向中间推挤乳房的力度，将乳房推向中间，形成一个高、圆、清晰的乳沟。这款文胸材质由有光泽的缎面尼龙、聚酯和弹性纤维制成，内里下侧有口袋杯，可插入不同的衬垫，最大限度地达到提升效果，如图2-26所示。

图2-26 Ultrabra插片式文胸（1997年，Gossard）

（四）隐形文胸

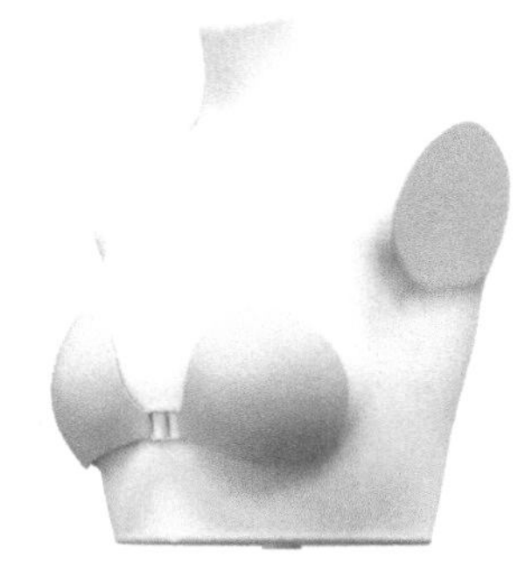

图2-27 美国硅胶胸罩品牌“nude bra”

隐形文胸又称为隐形硅胶胸罩、硅胶胸罩等，如图2-27所示。20世纪90年代末开始于美国，也被称为“革命性的第三代胸罩”，采用高分子合成材料硅胶制作成的一种非常接近人体乳房肌肉组织的半圆形文胸。佩戴这种文胸，在夏季穿吊带或晚礼服时毋须担心外露。硅胶胸罩由两片活性硅胶及一个透明连接活扣组成，能黏附在皮肤上，用温水清洗后，可反复使用一二百次，还能和普通bra一样起到衬托胸部的作用，一经推出，备受追捧。

第三节 21世纪的文胸

经过漫长的历史变迁，女性文胸发展到21世纪，不再是一种控制女性，或满足男性审美的工具。这种最贴身的服装，成为了女性自我表达和自我崇拜的一种形式，任何女性都有选择穿棉质或蕾丝内衣的权利，最重要的是穿内衣的女性能通过内衣达到愉悦自我。

一、科技内衣的发展

科技的飞速发展，使得各种高科技成果能快速地得到广泛应用。内衣界运用新的化学技术塑造一个新的理想的女性形体。在世纪之交时，最新款式的内衣都打上了综合应用技术的标签。聚酯纤维和聚酰胺纤维在20世纪90年代初混合制成了微纤维，于是包裹女性柔美身体的美体内衣诞生了。法国努瓦雨花边公司出资，研究出能解决静电问题的微纤维。从1996年开始，华纳公司推出了对气温变化非常敏感的感温紧身连体衣，使女性穿着内衣时能感受到冬暖夏凉。英派图斯公司时刻关注着美国国家航空航天局的研究成果，开发出了让身体保持恒温的材质。微型胶囊技术的发明与发展，为人类带来更多创新的可能性。微胶囊被植入纤维纺织成面料，形成了具有不同功能与用途的高科技面料。不同的胶囊有不同的功能，可以抗菌，可以散发香味，还可以补充维生素等，甚至能将胡椒放入其中来温暖身体。比如2007年，勒马耶公司推出了一种瘦身美体微型胶囊植入服装中，使穿着者在潜移默化中变瘦。近年来，我国还有很多内衣企业将火山能量石置入罩杯中，温热着胸部穴位，起到保健的作用，如图2-28所示。科技赋予纺织品以新的功效来吸引消费者，内衣就好像有机体，在身体上不断更新，并自主地与身体相互作用。

二、定制内衣的发展

标准化产品的生产随着科技进步不断地提高，新的科技在兼顾规模化生产的前提下，可

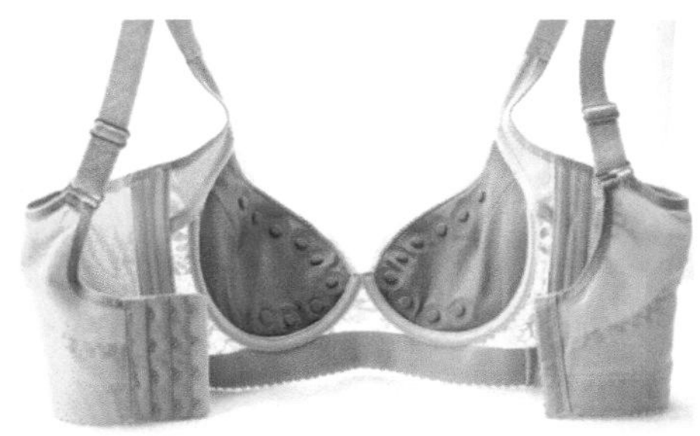

图2-28 火山能量石置入罩杯中

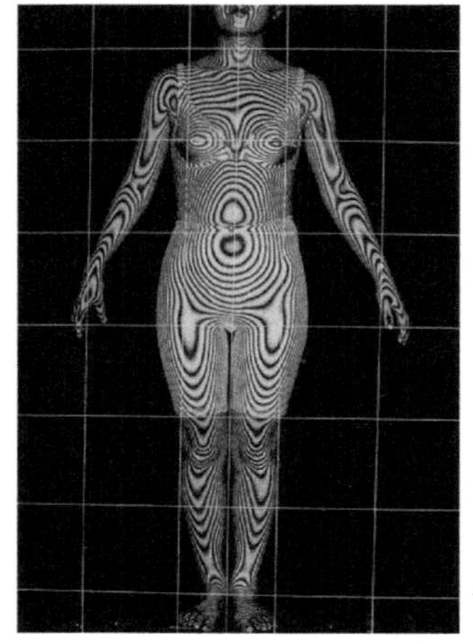

图2-29 三维测体

以开发和生产适应不同体形的产品，因此个性化的定制内衣应运而生。它是凝聚了最新的结构力学、人体工学、新材料学、织造技术、电脑科技等诸多领域的成果。作为当今内衣国际市场龙头品牌的日本华歌尔（Wacoal）公司早在1964年就成立了“人类身体研究中心”。此中心专门研究如何让公司的产品适应各个地方的市场。它研究人类体形的平均数值、衣服材质的舒适度、适合不同国家人群的材料，以贴近每一位顾客。“人体测量仪”能在几秒钟内显示出一位女士身体的三维立体投影，以此看到最适合她的理想内衣的尺寸样式，如图2-29所示。在1997年就开始对我国女性进行大规模体型计测，先后与我国不同地区的高校合作，采集我国不同区域女性的数据参数，并根据数据设计出能代表我国女性平均体型的立体模型，用于研发适合我国女性的内衣。现在这种技术已普及到各大内衣公司，服装生产模式逐渐走向大批量定制的时代。内衣属于较为私密的用品，每位穿着者的感受与要求都会不同。定制内衣可按照女性不同体型以及需求提供个性化的解决方案，从而塑造出个人满意的身材，提升穿戴的舒适感。

三、无缝文胸的流行

随着现代生活节奏的加快，以及女性性别意识的日益加强，女性对于文胸的要求有了新的变化，从更多关注文胸对胸部的塑型到注重穿着后的舒适感受。现代无缝压烫工艺的提高与进步，也为主打舒适的文胸款式提供了加工技术支持，将果冻胶条压烫在文胸下扒部位，起到支撑的作用，替换掉原来的钢圈（如图2-30所示），使内衣更简洁、轻便，减少对女性胸部的压迫，相应品牌越来越受到消费者的青睐。

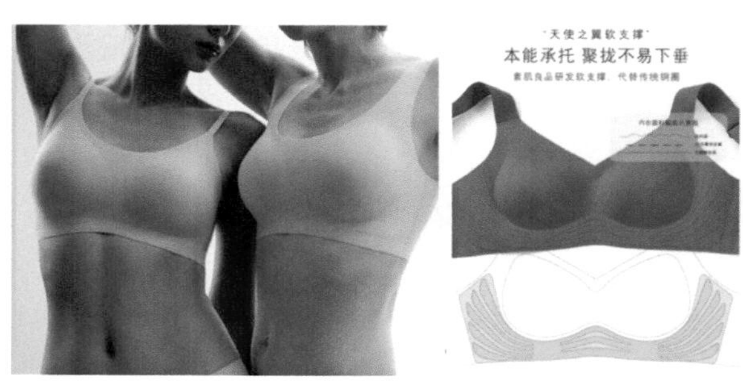

图2-30 采用无缝压烫工艺制作的文胸

四、内外衣一体式背心的推广

将文胸与外衣相结合的背心，内外成为一体，既舒适又方便穿着，适应当下快节奏的生活方式，受到许多女性的青睐。最常见的款式为吊带背心型，适合单穿或搭配外套，图2-31右图所示的白色虚线为罩杯的位置，内部是单独放入胸垫的结构设计，无塑型只是遮点作用。这样的结构设计也常见于瑜伽、健身等运动服装中，如图2-32所示。

图2-31 一体式背心外观及内部效果

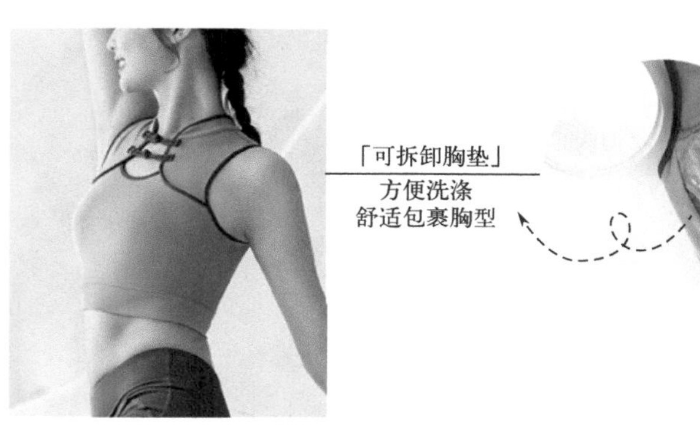

图2-32 带胸垫的瑜伽服（2023年，美愫品牌）

五、当今文胸流行的主要杯型

文胸结构设计按照罩杯覆盖乳房面积的大小来分类，目前市场上主要流行以下四种杯形：全罩杯、四分之三罩杯、半罩杯和三角杯。

（一）全罩杯

全罩杯的罩杯一般较深、较大，可将全部的乳房包覆于罩杯内，侧拉片及下扒较宽，且紧贴人体，有较强的牵制和调整功能。图2-33所示为全罩杯文胸款式。这种罩

图2-33 全罩杯文胸款式

杯对乳房的支撑力较大，具有较好的支撑与提升集中效果，可归拢分散在乳房周围的脂肪，是最具功能性的罩杯，能很好地固定乳房并具有塑型性。圆盘乳型的女性可以选择此种罩杯，同时可以根据造型的需要，在内层增加海绵衬垫或其他材料的衬垫来美化胸部。由于全罩杯能使穿着者的胸部稳定挺实、舒适稳妥，因此深受妊娠、哺乳期妇女以及年纪较大的女性青睐。

（二）四分之三罩杯

四分之三罩杯介于全罩杯和半罩杯之间，它是利用斜向裁剪及钢圈的侧推力，使乳房上托，侧收集中性好，其造型优美、式样多变，特别是前中心的低胸设计，能展现女性的玲珑曲线，最适合搭配结婚典礼、晚会相聚等重要的社交活动场合中的服装穿戴。图2-34所示为四分之三罩杯文胸款式。这种式样的内衣实用舒适，能够很好地修饰胸部形态。半球乳型、圆锥乳型可以选用此种造型以增加乳沟魅力。如乳房有下垂倾向，则宜在罩杯下缘加衬钢圈，以增加胸罩的承托力。

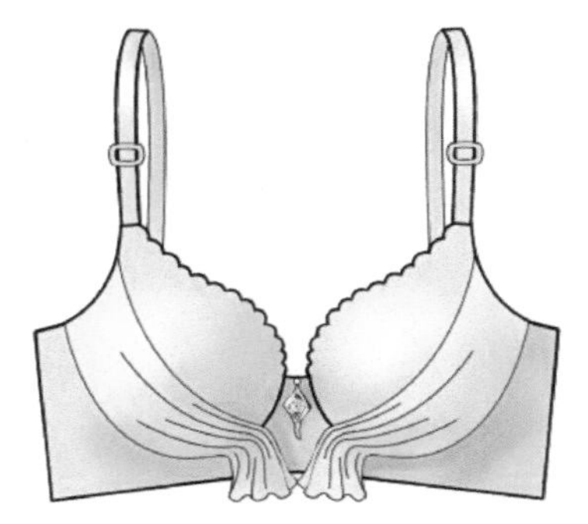

图2-34 四分之三罩杯文胸款式

（三）半罩杯

半罩杯是在全罩杯的基础上，保留下方罩杯以支托胸部，具有托高乳房的作用，使胸部造型挺拔，而且一般都会在胸口部位增加装饰花边来加强立体感。图2-35所示为半罩杯文胸款式。罩杯外形设计呈半球状，肩带设计为可拆卸。当去掉肩带则稳定性降低，提升效果不强，承托力小，但可搭配露肩、露背、吊带等服装。

图2-35 半罩杯文胸款式

（四）三角杯

遮盖面积为三角形的杯型，覆盖面较小，性感迷人，美观性较好，适合胸部丰满、胸型美观的年轻时尚女性穿着。图2-36所示为三角杯文胸款式。

图2-36 三角杯文胸款式

第三章
内裤的发展

Chapter 3

如今我们熟悉的内裤，与古代人们所穿的很不同，男式或女式的内裤都是经过漫长的岁月，并根据社会生活的变化不断演变而来。对于男性来说，无论是在西方古希腊和古罗马时披着庄重的长袍、在古埃及穿着有轻微褶子的长裙，还是在奔赴战场时披上铠申，他们都是不穿内裤的。在东方，古代中东地区或我国，骑马的男性会穿宽大的裤子，而不是短内裤。在很长的时间里，绝大多数情况下女性也是不穿内裤的，即使后来穿上裤子，多数以开裆裤的形式为主。内裤的演变不仅仅是不断满足人们生理上的需求，同时也适应不同时期社会发展的要求，其中包含了宗教或新思潮的影响，新材料与新工艺的促进等多种因素。

第一节 男士内裤

由于男女在传统社会中的角色以及行为方式的不同，使男装对于功能性的需求高于女装。最早出现的内裤是与男士有关的，如我国古代礼服中的“蔽膝”就与生殖崇拜有关。河南安阳殷墟出土的玉人前腰下的蔽膝，常被认为是先民们将生殖崇拜演变成为的一种礼仪服饰，不再有实际的功能，如图3-1所示。在不同观念的影响下，人们采用不同的方式来掩盖私密位置。先秦时，人们在外衣下穿裈裆袴或者胫衣，其形制与套裤相似，上到大腿并连于腰，无裆或者裆不缝合，因外有裙或袍遮盖不会露出下体，如图3-2所示。西方15世纪手工绘本《亚历山大大帝史》展现了早期内裤的形式，从15世纪意大利蒙特奥利韦托马焦雷教堂的壁画也可看到类似的合裆短裤穿在里面，而腿部则是套上腿袜，有长上衣的遮掩，不会轻易露出内裤，如图3-3所示。无论中外，这些不同款式的内裤均为后世的发展奠定了基础。

图3-1 着“蔽膝”的玉人像

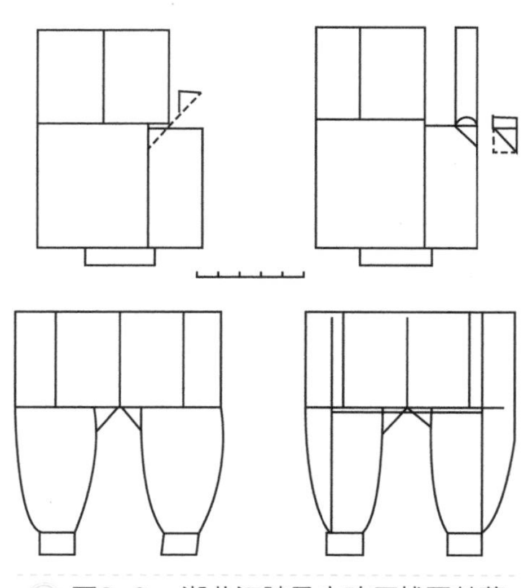

图3-2 湖北江陵马山砖厂战国楚墓出土的绢绵袴结构图

图3-3　西方男士内裤（15世纪）

一、缠腰带

各种形状的缠腰带是男士内衣的始祖。缠腰带结构简单，形状根据男性身体设计。因为人们需要保护生殖器不受外界的伤害，促使这种围绕在生殖器周围的衣服出现。这一根本需求决定了内衣服饰后期的发展，无不与对生殖器的保护和舒适度紧密相连。制作男士缠腰带只需一块简单的布料，缠绕到腰腿间成型即可。缠腰带在许多地方颇为流行，这种简单的内衣直到近代才逐渐被取代。

中世纪以来，欧洲许多画家笔下的缠腰带花样繁多，在油画作品中就很好地表现了男士缠腰带的特点。缠腰带有长短、薄厚的不同，优雅的褶皱和打结处的模样有细微差别，但其不能称为真正意义上的内裤。图3-4画作中人物身上穿着贴身的缠腰带遮住了他的私处，这个缠腰带非常像现代的三角内裤。

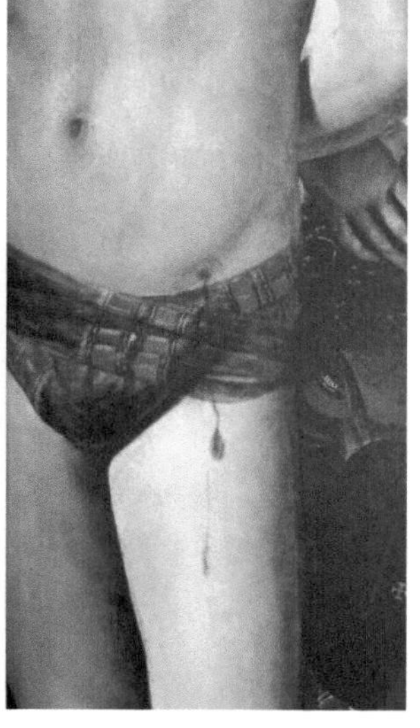

图3-4　油画《卡西欧家族的圣母》（局部）（16世纪）

二、犊鼻裈

我国男子在汉代时已经穿有裆的裤子了，最具代表性的是犊鼻裈。关于这个名称的来源有两种说法：一是指其形上宽下窄，两头有孔，与犊鼻形状很相似，故而得名；二是认为这种短裤的长度刚好到人体的犊鼻穴，故称此名。汉代画像石中表现古人劳动和生活时，就有穿着犊鼻裈的男子形象。犊鼻裈的结构方便人体活动，长期以来常为下层的劳动人民穿着。如图3-5~图3-7所示。

图3-5 汉代画像石上穿着犊鼻裈的人物形象

图3-6 元代赵孟頫《浴马图》中犊鼻裈的人物形象

图3-7 《帝王道统万年图》中犊鼻裈的人物形象（明绘本）

三、特别的裆袋

中世纪席卷欧洲的黑死病，夺去了1/3人口的性命，使社会经济受到了极大的打击。君主与贵族为了显现自己的男子气概与蓬勃的生命力，采用夸张自己性征的装饰方式，从而推动了“裆袋”（codpiece）的发展。起初裆袋只是为了遮挡长筒袜之间开口的一块挡布，后来为了保护这个容易受伤的部位加了衬垫，渐渐地演变成夸张的尺寸。醒目的裆袋是从文艺复兴法国弗朗索瓦一世时期开始流行起来。裆袋里装的是男性的生殖器，由于它紧裹着私处又同时外露，所以既是内衣又是外衣。裆袋非常实用，紧裹着男士生殖器的同时，还可以装几枚硬币、手帕，甚至还能装一个水果。其材料有皮、麻布，也有金属，甚至装饰有金线和珠宝。17世纪初，宽大而夸张的灯笼裤开始流行，遮挡了裆部，裆袋才渐渐淡出了历史舞台。如图3-8~图3-10所示。

图3-8　油画《风景中的年轻骑士》（1510年）

图3-9　油画《亨利八世》（约1540—1545年）

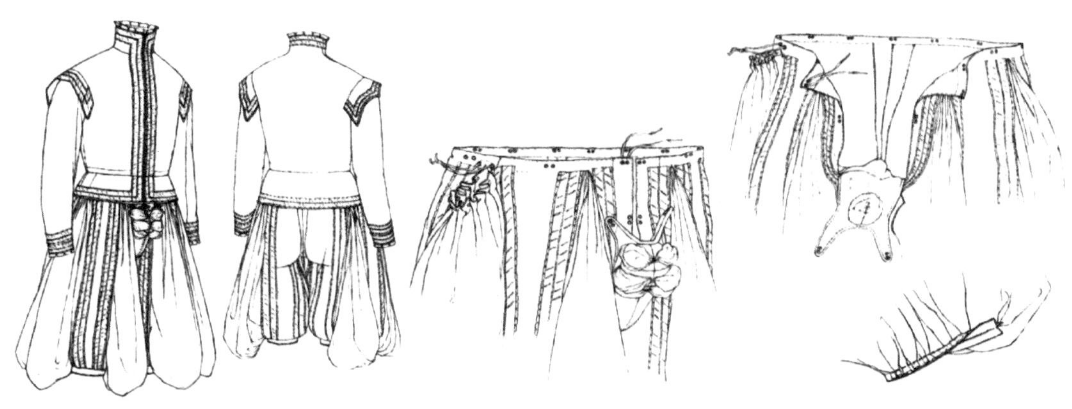

图3-10　16世纪灯笼裤中的裆袋

四、及膝内裤

17世纪中期开始，宽松的灯笼裤变得越来越贴身，并加长到膝盖，变成了马裤。人们会在马裤里面穿上长至脚踝的亚麻内裤或者丝质短内裤。18世纪为了配合当时男裤的时尚，人们在里面穿着长度到膝盖处的麻质内裤，裤腰用绳子固定。19世纪除了延续使用及膝内裤外，还有一种长款内裤开始流行，如图3-11和图3-12所示。

图3-11 《门闩》让——奥诺雷·佛拉戈纳尔描绘的短裤（1777年）

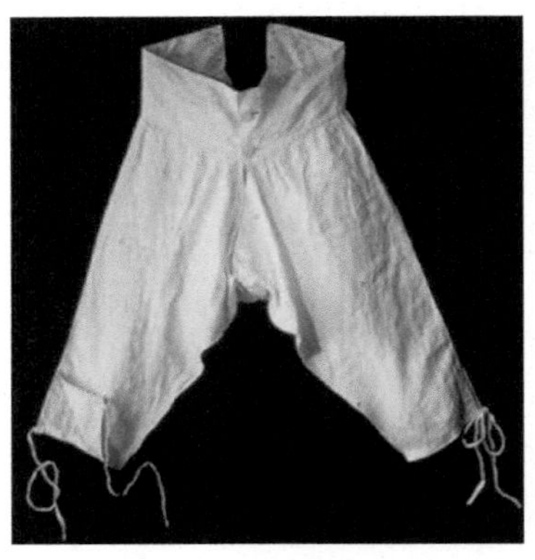

图3-12 18世纪的传世实物

五、长款羊毛内衣

19世纪，个人卫生方面有了不小的进步和发展。德国医生和动物学家汉斯·古斯塔夫·耶格提出了一系列“卫生着装”的理论：贴身穿着羊毛类衣服的时候，一方面能保暖；另一方面，当人们出汗的时候，其多孔性可以使“有害的吸入物扩散，并迅速排出有害废料”。1884年刘易斯·托玛琳（lewis Tomalin）在伦敦开设了商店，并出售耶格博士提倡的羊毛内衣套装，很快这一产品受到剧作家萧伯纳和奥斯卡·王尔德等当时开明人士的推崇。1884年问世的“Rasurel”品牌是最早开始在媒体上做广告的内衣品牌之一，1912年Rasurel品牌广告语“X光透视下，大家都穿Rasurel内衣”，其生产的羊毛内衣卫生又舒适，十分受欢迎，如图3-13所示。第一次世界大战期间就为军人们发放过这种羊毛内衣裤作为基础衣物，如图3-14所示。

六、运动型连体内衣套装

20世纪开始，人们越来越热衷于各种运动，由此运动服饰变革在20年代时迎来了第一个巅峰期。同时受流行文化和电影的影响，人们推崇肌肉发达的英雄人物形象。20世纪30年代“理想的男士形象”是：宽阔的肩膀，笔直的背部，窄窄的臀部，平坦的腹部。此时，采用蚕丝、人造棉等轻质面料制成的连体运动内衣受到男士的喜爱。两次世界大战间隔期间，男士内衣的发展越来越注重便捷和舒适，生产商们极力地宣传他们所生产的专利内衣采用新的设计理念、新型面料：减少纽扣的数量和简化服装结构，让穿衣更便捷；V字形衣领的无袖背心可以直接套头穿在身上，不需要纽扣；贴身短内裤以及对传统长内裤改造而成的更加紧身的中长型内裤越来越受欢迎。这些款式以及设计细节的改变满足了人们对便捷穿衣的需求。

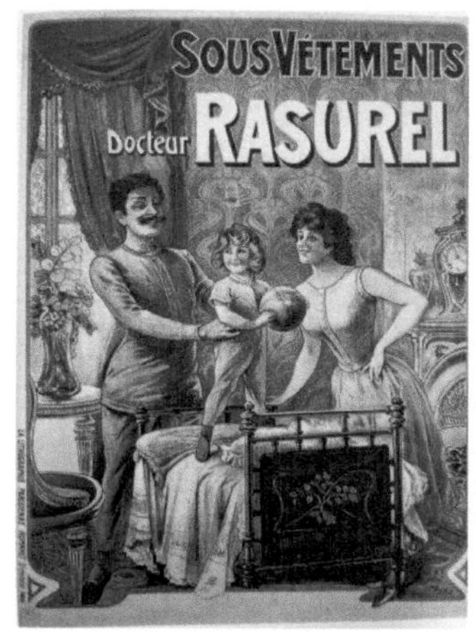

图3-13 Rasurel品牌内衣广告海报

图3-14 军服内衣

19世纪末，女性服装领域首次提出由背心和内裤连接组成的连体内衣，却在男装中应用更广泛。1910年埃斯尼克·米尔斯（Atheenic Mills）公司在推广连体内衣套装时，称其能在运动中带来更加舒适的轻松感，如图3-15所示。这种内衣汗衫不会起皱，腰部裤线位置的压迫感也得到了缓解。起初的连体衣是一条齐脚踝的裤子配以长袖汗衫，在前中上系扣，方便穿脱。后来又开发出臀部由两块"X"形交叠布片组成的开口，可用橡皮在右后侧扣住。这一设计使穿着者无需脱去上衣就可上厕所，但两层面料在坐下时会比较厚。

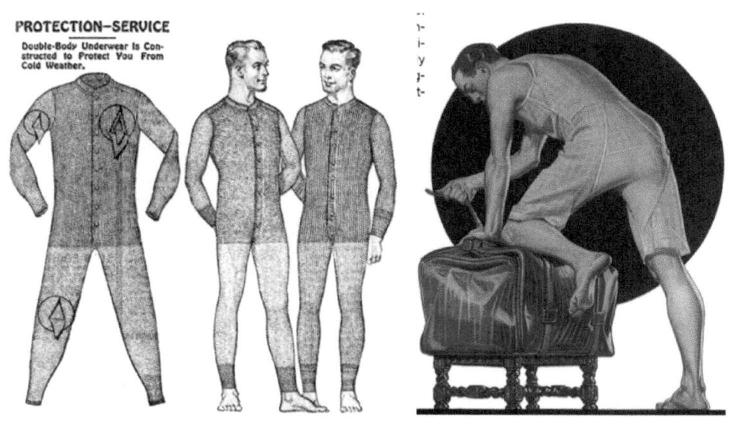

图3-15 连体衣广告

七、三角内裤

1906年出现了贴身短内裤。这种内裤起初被定义为一种运动内衣，其边缘处都有橡皮筋，比起其他内裤能更好地包裹臀部。1913年，法国《画刊》杂志就用“三角裤”一词来命名这种贴身短内裤，称可以让运动员“没有阻力，顺利前行，适合剧烈运动”。法国“小帆船”品牌开始生产这种贴身短内裤。它们剪短了裤脚，放弃使用纽扣和腰带，转而使用弹性腰带，采用原色棉布进行生产，如图3-16所示。1929年，法国人安德列·吉利埃（Andre Gillier）创办了第一个男性内裤品牌“吉尔”（Jil），他带来了两项新的设计细节，一是用橡胶来生产内裤的腰带，二是采用前裆开口朝向一边的贴身短内裤，这种实用的裆袋设计很快占领了美国市场。

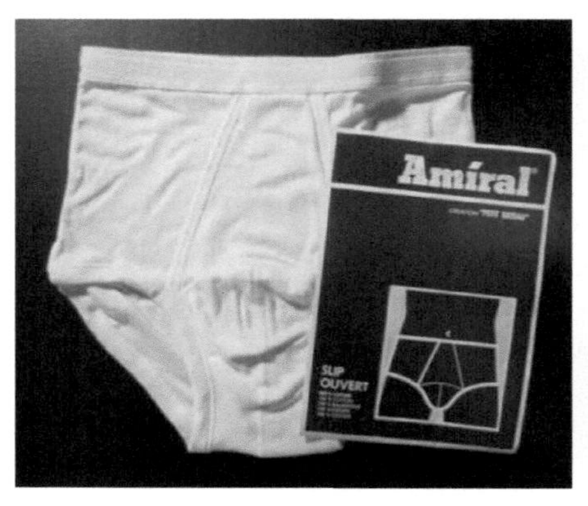

图3-16 “小帆船”品牌男士内裤

八、Y形紧身内裤

男士内衣追求的是实用与舒适，其中最为成功的创新是，1934年库珀公司的副总裁阿瑟·柯奈布勒受到男士紧身泳装照片的启发，由此指导自己的设计师们设计了一款新型的贴身内裤。这款内裤前端裆部用两层柔软的罗纹针织棉布来加强对男性生殖器的保护，腰带与腿部开口处用橡筋带，使裤子能与身体贴合且不易脱落与变形，这种支撑结构以前应用于运动员下体护身或“护身三角绷带”中，如图3-17左图所示。库珀公司在宣传自己的产品时，特意强调这一功能性的设计，将这个产品称为“居可衣”（Jockey）。1935年，库珀公司推出了改进版，在裆部增加一个重叠式的倒Y字形门襟（如图3-17右图所示），解决了之前款式客户在小解时不得不提起裤脚口的问题。这个款式获得了巨大的成功，即使在20世纪30年代大萧条时期，库帕公司还收到了大量的订单。1939年，库帕公司更是通过纽约世界博览会将这个设计推广到世界各地。Y字形门襟结构为男性提供了实用性的保护，也突出了阳刚之美，

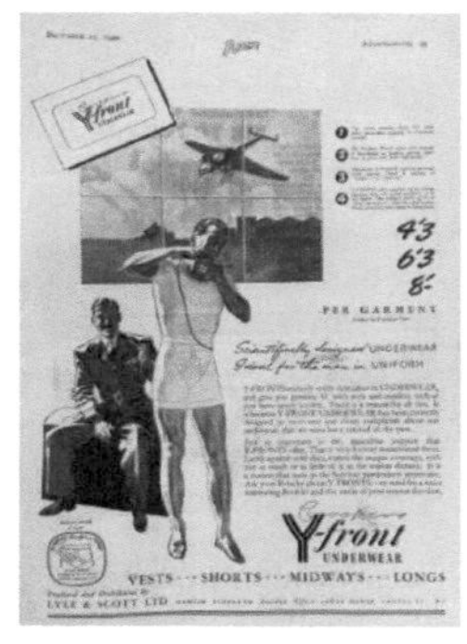

图3-17 库珀公司居可衣Y形紧身短裤及广告（1940年）

在男士内衣里是一个真正的新创意。有些内衣品牌借鉴库珀公司的成功推出了与其相似但更加便宜的款式，有些运动衣品牌推出了相近的运动短裤。现在仍有一些男士内裤还沿用这个设计细节。

九、拳击短裤

拳击短裤是指男士平角宽松内裤（boxer），宽松的裤脚是这种内裤最重要的特点，采用“拳击手”一词来命名，是因为拳击手身穿的短裤裤脚处需要足够宽松，才能不妨碍运动时腿步的移动。1925年，美国“Everlast boxing”公司推出了弹性腰带和可调节的侧边带，以取代之前宽松短裤的皮带。其面料采用罗纹棉或山羊呢绒，上面配有绚丽的图案。这样的运动短裤，初期只有美国和加拿大少数男性穿着，大部分保守的英国男士仍穿着传统的针织羊毛长内裤。第二次世界大战期间，1941年推出的《民用服装法案》（也称为公用事业计划）中为了最大限度地利用资源，简化了服装设计，从而限定了男士内衣的标准，拳击短裤开始变得流行，如图3-18所示。

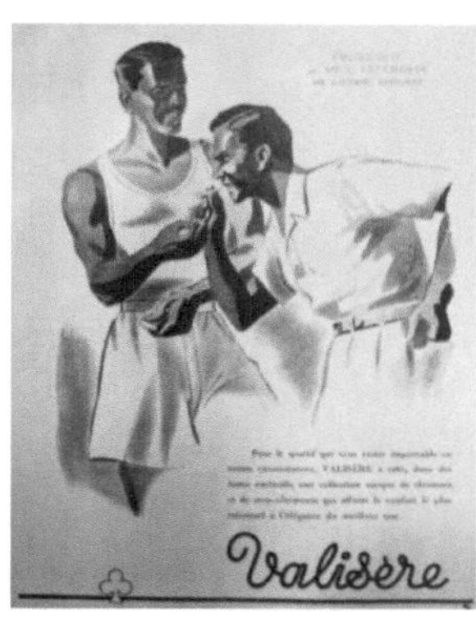

图3-18　拳击短裤常见款式及“亚当”品牌广告（1946年）

十、比基尼款式内裤

20世纪60年代，棉织物是使用最广泛的布料。第二次世界大战后，新一代年轻人成长起来，年轻男士们在穿着打扮上追求打破传统、标新立异，他们选择的服装颜色越来越明亮，图案越来越多样，款式越来越纤细苗条。受女士“比基尼”的启发，内衣生产商开始推出男士“比基尼”款式的内裤，内裤向着更小更紧的风格发展。比基尼短裤越来越受欢迎，相比于传统短裤，前浪更短，裤腿更高，这种暴露的三角裤体现出了在“性感”设计上的变革，如图3-19所示。

图3-19　布林耶品牌比基尼款式内裤（1969年）

十一、丁字裤和G带裤

丁字裤是20世纪70年代流行起来的一种内裤，这种内裤外形像“丁”字，前片遮盖阴部，后片没有完全包裹住臀部，有半遮盖后臀到逐步缩减为一根带状的状态，目

图3-20 丁字裤和G带裤

的就是将整个臀部更多地显露出来，如图3-20左图所示。G带裤是一种由囊袋、连接囊袋的后布条和窄裤腰组成，后布条正好勒进臀部中间，如图3-20右图所示。与更为暴露的G带裤相比，丁字裤盖住的部位要多一些，这类产品的出现是男士内衣女性化的呈现。

十二、卡尔文·克莱恩内衣腰带商标引领新时尚

1982年，美国时装设计师卡尔文·克莱恩（Calvin Klein）通过推出自己的男士内衣系列来传达自己的设计理念：男性内衣不仅是以实用为目的，更应像欧洲品牌那样把内衣打造得更具有性吸引力。卡尔文·克莱恩内裤在设计方面基本上和居可衣经典内裤一样，臀部更为贴身，“Calvin Klein”的英文名字织在了裤腰上，增强了品牌在内衣上的辨识度。随后卡尔文·克莱恩内裤推出了白色、绿色、灰色三种颜色，配合着它的圆领、V领T恤衫和背心，也都推出了经典白色、橄榄绿色和灰色三种颜色，让穿上内衣的人有一种“当兵”的感觉。卡尔文·克莱恩特别注重的产品是白色经典内衣，既舒适合体，又富有男性魅力，他强调男士穿上内衣会比裸体更性感。

为了宣传自己的设计理念与产品，卡尔文·克莱恩邀请了37岁的模特兼摄影师布鲁斯·韦伯（Bruce Weber）为其拍摄内裤广告。当纽约时代广场17m高的广告牌换上卡尔文·克莱恩的男士内裤海报时，公众与媒体惊叹不已。这是第一次将男性内衣作为理想的时尚产品进行营销，也是第一次将性感化的男性身体以这种方式呈现给主流大众，如图3-21所示。卡尔文·克莱恩男士内衣的市场首秀销量非常令人满意，随后他推出了不同颜色和不同节令的系列，以满足不同顾客的需求，后来推出的海军系列和紫红系列内衣等，都使得内衣不再是简单的服饰，更像是一种时尚符号。

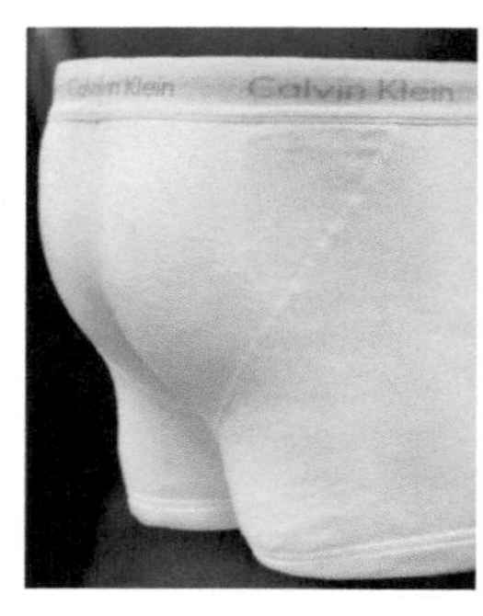

图3-21 卡尔文·克莱恩内裤实物及广告（1982年）

十三、紧身四角裤

20世纪90年代早期，出现了一种结合宽松四角裤和紧身三角裤特点的内裤。内衣制造商们采用了四角裤的裤长，又融合了三角裤的贴身和支撑效果，做出被称为紧身四角裤的款式，如图3-22所示。与两次世界大战之间生产的运动内裤相似，这种紧身四角裤没有采用传统的梭织面料，而是

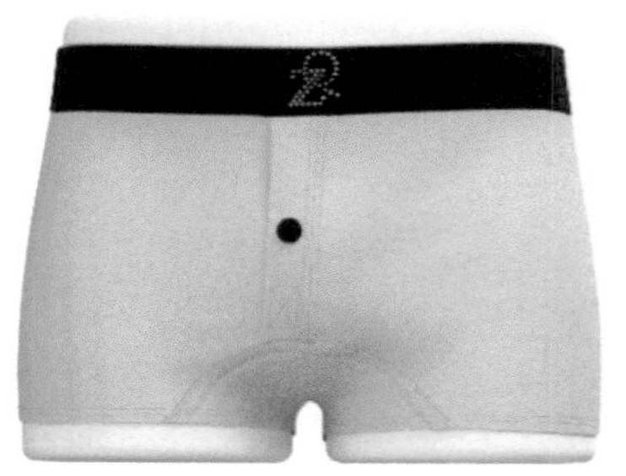

图3-22 紧身四角裤

像三角裤一样用针织面料制成，为身体的活动提供必要的松紧度。人造弹力纤维的发展与应用，使内裤的面料更有弹性，穿着更为轻便舒适。紧身四角裤在保证实用性的基础上，贴合人体曲线，更凸显身材的魅力，因此一经推出便很快流行。各大设计师品牌和传统内衣品牌都推出了各具特色的紧身四角裤，在细节上有的带有前开口纽扣设计，有的裤腰上印有品牌名称。从此紧身四角裤成为了男士内衣的基本款式，常驻于男子衣橱中。

十四、时尚化内裤

卡尔文·克莱恩内衣的面市，对整个男士内衣行业产生了极大的冲击，其将男士内衣赋予性感和时尚气息的理念渗透到了所有男装品牌中，并对20世纪80年代以后男装的发展产生了深远的影响。时尚人士评论："20世纪80年代开始，男士内衣不再只是穿在里面不起眼的衣服，它们也可以很时尚、性感。"所以在男士服饰中加入女性化的元素，使用传统女性服饰所用的面料和装饰，如丝绸、天鹅绒和蕾丝花边，以及女性化的搭配。从20世纪末到21世纪初，颜色和图案开始在设计方面成为重点元素，因此越来越多的生产商和品牌与艺术家、设计师合作，将内衣产品变得更加时尚，如图3-23和图3-24所示的品牌时尚款。

图3-23　Ginch Gonch品牌时尚内衣

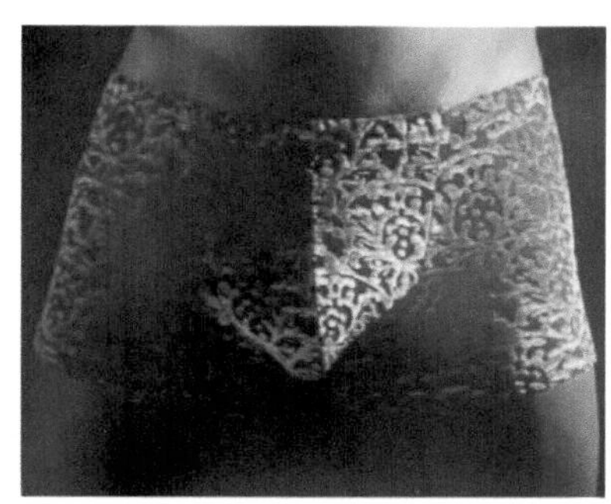

图3-24　QZ品牌，天鹅绒低腰平脚内裤

十五、舒适内裤

现代纺织技术的不断创新，新型面料的不断涌现大大提升了男士内衣的舒适性。弹性纤维莱卡（Lycra）的应用为内衣行业带来深远影响，它兼顾舒适性与可塑性的特征，使内衣穿起来比普通棉制面料舒服、亲肤。人们越来越意识到还是天然纤维穿起来更舒适健康。各种新合成的人造微纤维和从植物中提取出来的可再生纤维运用于内衣当中。"天丝""莫代尔"运用了木浆中的纤维素，制成柔软、亲肤的面料（如图3-25所示款式）；竹纤维天然抗菌、吸水力强、柔软、抗皱、可降解等特性，

图3-25　用莫代尔面料制作的舒适内裤

通过科技得以在服装产品中发挥其功能。

21世纪的人们越来越关注环保问题，希望衣物能循环再利用。有机棉的使用，以及在面料中加入其他天然元素来提升抗菌性，成为内衣面料发展的趋势。

第二节 女士内裤

女式内裤是现代女性服饰中必备的单品，然而在古代无论是款式或者穿着的方式都与现代截然不同。女性在古代社会中的地位与生活方式，促使她们采用裙装为主的下装形式。欧洲的世俗文化将裤子视为男子权利的象征，女性穿裤子是不得体的表现，女性的裙摆里面是层层叠叠的衬裙或裙撑，直到1789年法国大革命时，女性要求着裤装的权利才第一次被提出。随着时代的不断进步，卫生习惯与生活方式的改变，女性对裤装的需求也不断地变化发展。如今内裤有着丰富多彩的样貌，成为女士衣橱中不可或缺的组成部分，也是服装在装饰性和功能性两方面不断演化的最佳案例。这件小小的衣物是我们身体与外衣之间的过渡，可以很隐蔽、很魅惑，也可以很精巧、很华美。

一、历史上的女士内裤

（一）女士内裤起源

女士内裤的起源最早可追溯到古希腊和古罗马时期，那时的娱乐活动丰富多彩。古希腊城邦经常举办各种公共的节庆活动和运动会。在每四年举行一次的运动会上，古希腊的男子们是全身赤裸地参加竞走、摔跤、铁饼、标枪等项目。这样的方式能充分展示出他们肌肉线条的力与美。女子虽不能参加，但她们还是热衷于运动锻炼。意大利西西里岛卡萨尔的罗马别墅里的马赛克镶嵌装饰画中，刻画着年轻女子运动的场景，如图3-26所示。这些女子有的在举哑铃，有的在玩球。为了运动方便，女子们脱去长袍，身着缠腰布式的内裤和遮挡胸部的布带，我们可以把这些服装看作是最早的三角内裤和文胸。随后漫长的岁月中，欧洲的女子都被束缚在胸衣与裙撑之下。

图3-26 《年轻的女运动员》（公元4世纪，意大利）

（二）中式女裤

与西方的女性不同，裤装是我国古代女性衣橱中常见的服装。在我国古代人的思想中，裤子露在外面是不雅观的，因此裤子常穿在袍服或者裙子之内，男女裤子的结构形式都相似。常见的有胫衣、裤褶等，常分为合裆裤和开裆裤。胫衣是从膝盖到脚踝，类似现在的膝套，没有裆部。先秦时穿在裙和袍下，遮盖腿部；到了清代，女性会将之搭配睡鞋在就寝时穿着。裤褶流行于魏晋南北朝时期，受到游牧民族的影响，变成了裤管是宽松的样式，如图3-27所示。从南宋赵伯儒墓出土的各式裤装的穿叠方式，可以看出男子不同的衣裤搭配方式与穿着方式。南宋黄昇墓中出土的裤子展现了女子的搭配方式，如图3-28所示。这些裤装的基本结构都没有太大的变化，只是面料与装饰有所不同。图3-29所示为清代套裤与女裤。

图3-27　魏晋南北朝裤褶

图3-28　南宋黄昇墓出土的合裆裤与开裆裤

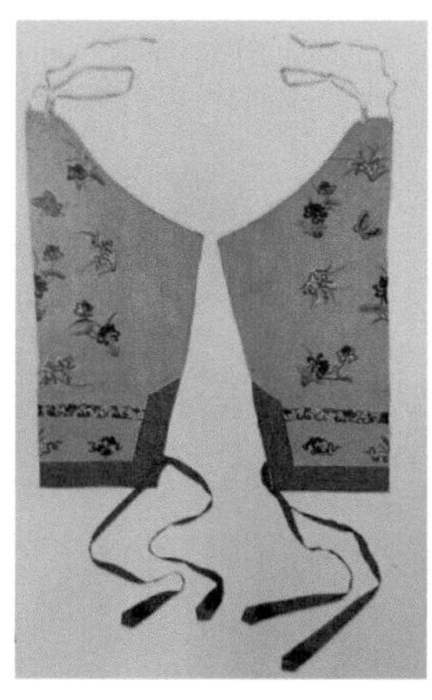

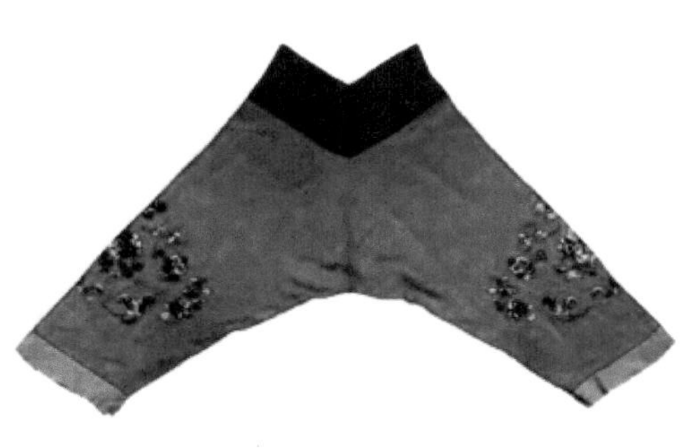

图3-29　清代套裤和女裤

（三）19世纪的灯笼裤

从文艺复兴开始，欧洲的女性一直以束身胸衣和裙撑来塑造自己的体型。罩衫与衬裙是她们主要的内衣形式。据说凯瑟琳·德·美第奇开创了女性穿灯笼裤的先河，但由于年代久远，无法考证真伪。即使女性穿着裤子的形象被画作记录下来，如图3-30所示，但也不代表裤装为女性的普遍穿着，可能仅存在于宫廷贵族中或者高级妓女间，更多作为性别反串的游戏。17、18世纪虽在一些日记或诗歌偶有提及女性穿着裤子的情况，但没有实物或者图像留存下来证明，女性在她们的衬裙下搭配了开裆裤或者合裆裤。1810年左右，穿在衬裙之下的灯笼裤开始出现。女性的灯笼裤有长有短，有用粗棉布制成的，也有细亚麻质地和丝质的。灯笼裤在腰部通过打结固定，有开裆（方便如厕），也有合裆的。裤脚上有的装饰着花边，有的是可爱的饰带或精细的刺绣。维多利亚时期，有时灯笼裤会被过分装饰，变得比裙子还要长，女性走动的时候都能被看见。虽然带着争议，但是灯笼裤越来越被19世纪末期的女性接受。随着新世纪的到来及战争的影响，灯笼裤变得贴体而实用，在第一次世纪大战后被新的款式所代替，退出了历史舞台。图3-31所示为不同款式的灯笼裤。

图3-30 文艺复兴时期女子内穿裤装和穿着男子服装的女子

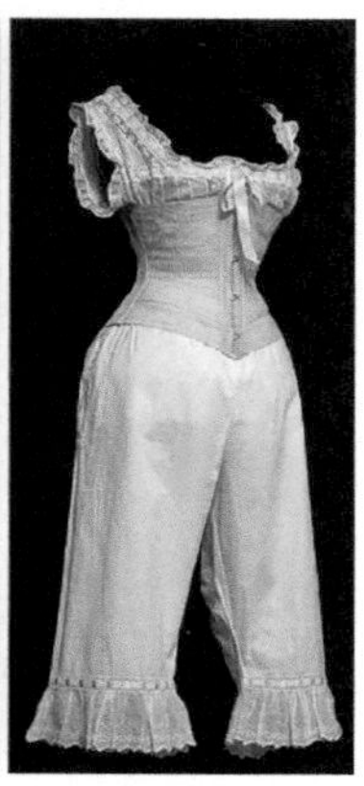

图3-31 不同款式的灯笼裤

（四）吊带连身裤内衣

第一次世界大战的爆发，促使女性放弃体积庞大、活动不便的服装。20世纪20年代具有异域色彩的东方装饰风格成为了时尚的主流。随后爵士舞的兴起，宽松的直线形服装造型应运而生，一种简洁方便的内衣搭配直线形的外衣构成的简单廓形成为流行时尚。吊带连身裤将上衣和短裤融合在一起，在裤裆处有纽扣开合方便穿脱，侧腰处常有褶皱以增加活动空间，这一款式既方便女性活动，又能在她们穿着较为暴露的款式时保持得体与优雅，如图3-32所示。

图3-32 吊带连身裤内衣、束腰带及细节图（1928年）

（五）法式短内裤

20世纪20年代到50年代，非常流行法式短内裤，其漂亮、宽松舒适，有点像男士拳击短裤的形状，常搭配吊带文胸，一般用丝绸或人造丝制成，腰部用橡皮筋控制松紧。30年代后期，尼龙被发明后快速应用于服装中，成为这种短内裤常用的材料。由于第二次世界大战的爆发，尼龙只能用于军需品，人们也会将由尼龙制成的废弃的降落伞改装成法式短内裤，如图3-33所示。因尼龙有光泽度高，易保持形状，易于打理，显得豪华且成本低廉等特点，其被制成各种面料，如绉纱、塔夫绸、蕾丝等，这些面料制成的内衣非常受欢迎，如图3-34所示的裤裆缝合，后腰纽扣开合的丝质法式短内裤。

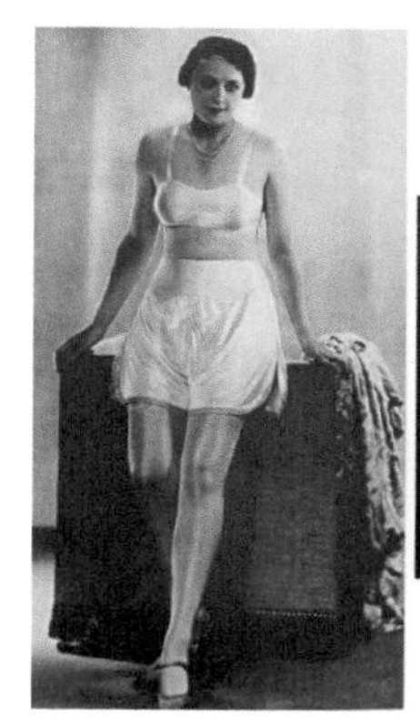

图3-33 吊带文胸及尼龙饰边的法式短内裤（1935年）

图3-34 丝质法式短内裤（1930年）

二、现代女士内裤

20世纪五六十年代，随着材料技术的革新，各种新的合成纤维和人造弹性纤维被发明并应用于内衣领域。这些材料在女性内衣的形态和功能演化中充当了重要角色。随着女性服装的外形变得越来越现代、贴身，宽大的内裤就无法适应新的着装需求。服装是人的“第二层肌肤”的理念开始影响时尚的发展，内衣变得更加贴合人体，由新型材料制作的贴身三角裤包裹着女性的身体，很好地顺应了这一潮流。

（一）基础内裤

20世纪60年代开始，随着人口结构年轻化的趋势以及服装成衣化的快速发展，简约、基础的三角裤普及到各个阶层，也成为主流的内裤款式。色彩及图案成为内衣变化的主方向。年轻时尚意味着多彩，以前的柔和色调被明亮、鲜艳或幻彩的色彩与图案所替代，出现了花朵、圆点、条状等纹样。高腰、中腰，以及受比基尼款式影响的低腰设计，都运用到了三角裤的设计中，如图3-35所示。面料的创新更是营销的主要噱头，棉、莱卡、蕾丝及21世纪研发出来的各种新合成人造微纤维，及从植物中提取出来的纤维成为常用的内衣面料。人们越来越追求舒适、亲肤、环保的穿着体验。如图3-36所示为按照裤脚的高低区分款式及实样图。

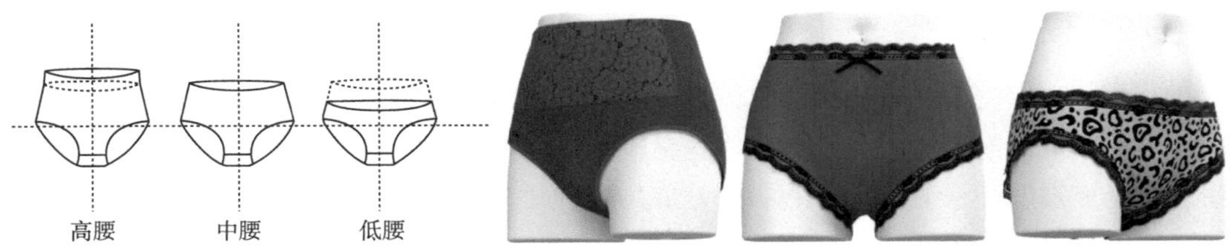

图3-35 按照腰线的高低区分款式及实样图

图3-36 按照裤脚的高低区分款式及实样图

（二）调整型内裤

对美的追求并不分年龄，无论哪个年龄段的女性都在意自己的身材。但是随着年龄的增长，腰部、腹部、臀部和大腿这些部位容易堆积脂肪，变得肥胖和松弛。为了保持和美化体型，许多女性会选择穿用调整性较强的内裤。调整型内裤又被称为“束缚裤”，它的作用在于可以提臀和收小腹，使体态更加挺拔。如图3-37所示为长款束缚裤与短款束缚裤。相比基础内裤，在结构设计和面料运用上会更加复杂。调整型内裤多采用弹性较好的各种新型科技面料缝制，结合立体剪裁，对人体不同部位施加适当的拉力，并收拢和调节脂肪位置，以塑造理想的身材。

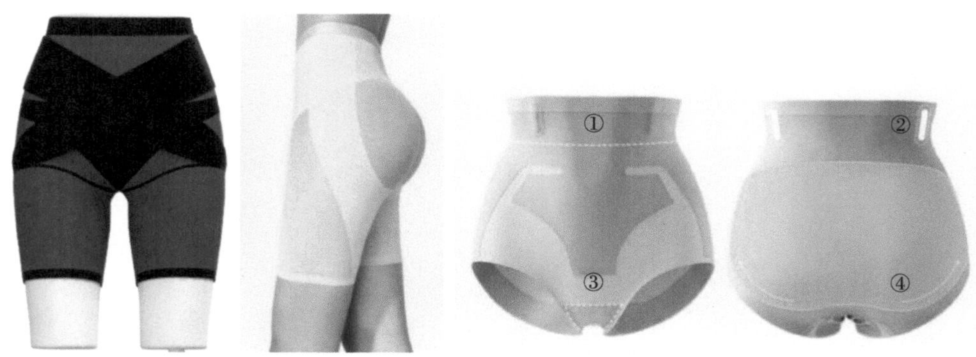

图3-37 长款束缚裤与短款束缚裤

（三）情趣内裤

内裤作为现代女性衣橱中不可缺少的服饰单品，在时尚和设计师的推崇下，已从实用品逐渐变成了时尚配饰品，它既遮盖，又展示女性的身体。因此时尚又性感的内裤也充斥着我们的消费市场。它可能采用透明的面辅料，也可能是饰有大量花边的缎带，或是使用很少的面料，如丁字裤。它给人带来了强烈的视觉冲击，也给两性关系带来了心理的愉悦。图3-38所示为装饰各种面辅料的情趣内裤。

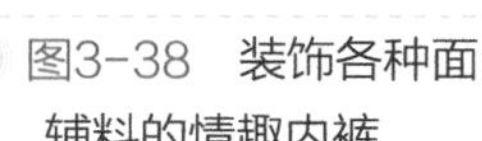

图3-38 装饰各种面辅料的情趣内裤

第四章

家居服的发展

家居服是人们居家或者睡觉时候穿着的服装，英文常用“home wear、house dress、house wear、loungewear”等来称呼。我国古代家居服称为燕居服，也有的称为便服或燕服。与外出的日常服或者正式服装比较，家居服更加舒适、轻松。家居服穿着的场合较为私密，因此从古至今受到道德、文化和社会礼仪的约束较少。现代的家居服从简单朴素到奢华性感，各种风格与样式满足着人们不同的需求。

第一节

睡衣的发展

现代意义的睡衣概念诞生于19世纪。这个时期人们用白色的棉布、丝绸和亚麻布制作专门在睡觉时穿着的衣服，男士睡衣一般采用直线裁剪，如同宽松的大T袖，长至小腿；女士睡衣则更加宽松、膨胀。睡衣在19世纪不断发展变化，形成了自己的特色，变得更加精致；更多的装饰手法，如刺绣、抽纱、扣孔、丝带、褶裥、荷叶边等都被应用于睡衣上。

睡衣上不乏缎带和蕾丝装饰，但总的来说还是较典雅。直到20世纪初，性感内衣的概念逐渐被中产阶级所接受，人们开始购买贴身设计的厚丝绸睡衣。除了白色的睡衣外，灰色和黄色的睡衣也出现在了市面上。追求时尚的爱德华时期的妇人们，还可以从百货公司订购印度薄纱做成的睡衣。常见的睡衣采用法兰绒或者高山羊绒毛制成，其低廉的价格使低收入的仆人们也能负担得起。在新的纺织工业生产技术的推动下，1914年开始大量生产带有荷叶边、机械刺绣和蕾丝装饰的睡衣（如图4-1所示），以满足更多人对美丽服装的渴求。

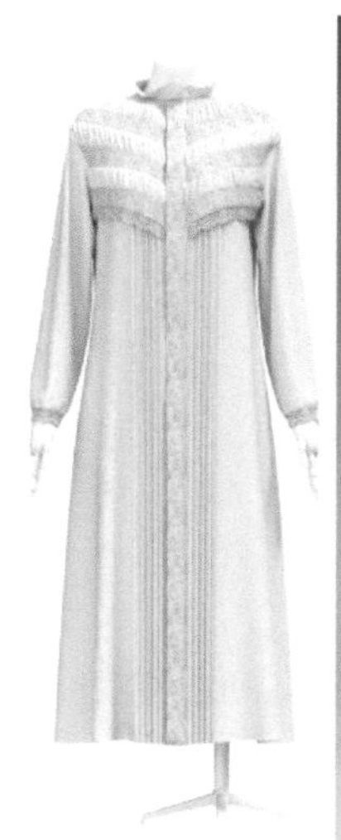
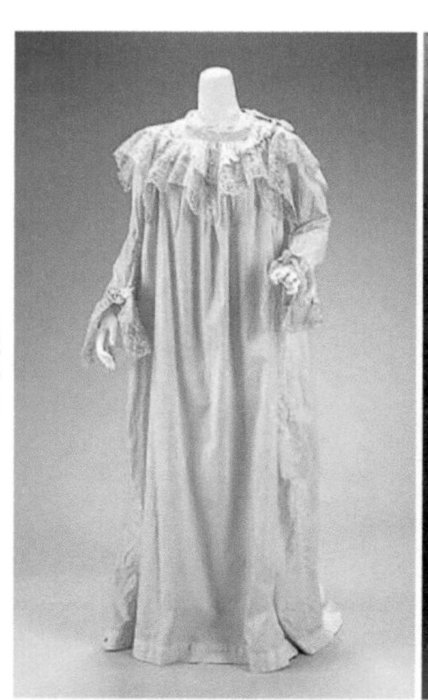

图4-1 19世纪末的女性睡衣

一、睡袍

在16世纪以前，欧洲人的睡衣为罩袍（英文为smock或shirt）。这些罩袍其实是白天穿在外衣里面的宽大内衣，也是今天衬衣的前身。这种罩袍的作用有两个：一是保护身体免受粗糙外衣面料的摩擦，二是防止身上的污垢沾染在外衣上。当时人们的外衣比较华丽昂贵，也不便清洗，需要用内衣隔开外衣和身体的湿气与污垢，耐洗涤的麻布与羊毛织物成为制作罩袍的主要材料。工业革命后，随着纺织业的快速发展，棉织物逐渐成为制作罩袍或衬衣的主要面料。在16~18世纪的欧洲，最早被称为睡袍的罩袍不是专门为睡觉准备的，它是一种非正式的服装，人们可以在卧室接待客人时穿着，通常是白色的，带有荷叶边装饰。为方便人们活动，罩袍的结构通常采用直线剪裁，面料与人体有一定的宽松量，使其更加舒适实用。男女罩袍的区别不在服装的结构，而是服装的尺寸与细节的装饰。女性罩袍（英文为chemise）会装饰更多的蕾丝或者刺绣，以增加女性的温柔与细腻。如图4-2~图4-5所示。

图4-2　伦敦博物馆藏16世纪男士丝质刺绣睡袍

图4-3　维多利亚与艾尔伯特博物馆藏17世纪男士麻质罩袍

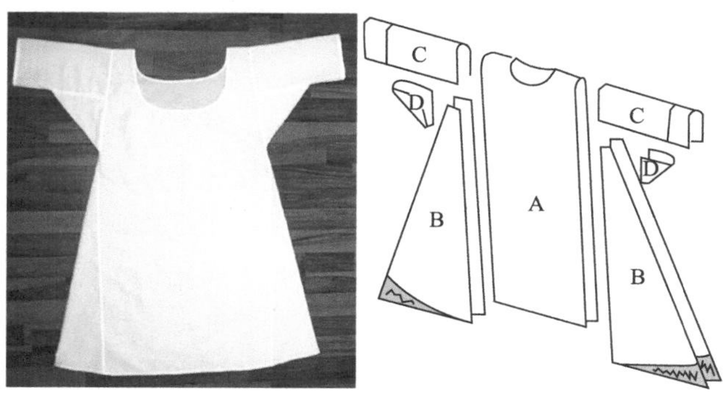

图4-4　18世纪女士罩衫及其结构分解图

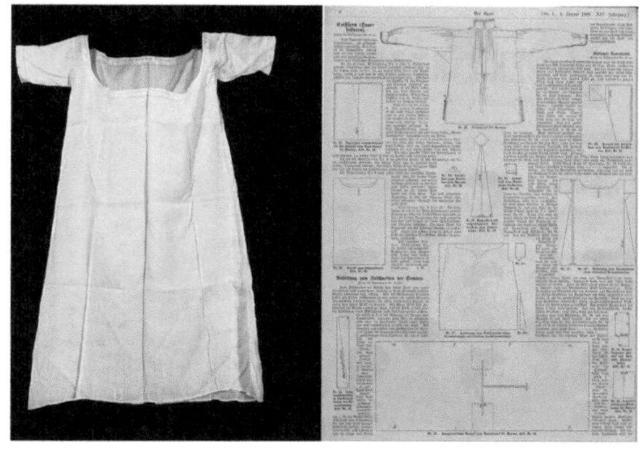

图4-5　波士顿艺术博物馆藏19世纪女士罩袍及杂志上讲解罩衫结构的篇章

二、东方风格的睡衣

20世纪初，装饰艺术运动影响了当时的服装时尚，女士睡衣也随之出现了新的变化。交领袍式睡衣与宽口袖的直线形睡衣很受欢迎，颜色以粉红、淡紫和苹果绿为主，常搭配具有东方风情的图案。如图4-6左图所示的戈萨德“宁静”品牌的粉色长袍，用带褶皱的、透明的尼龙做褶边。

图4-6　20世纪初丝质长袍及服装插画

三、睡衣裤套装

睡衣裤套装（英文为pyjamas）的流行始于第一次世界大战时期，切合当时人们的生活需求。战争中频繁的空袭，以及像泰坦尼克号船难这样的意外发生时，人们仓皇避难时穿着烦琐的睡衣会严重影响行动，由此催生了便捷实用的睡衣款式，睡衣风尚从奢华变得更简洁与实用。随着战争形势的进一步恶化，部分理性的女士开始穿着原本属于男士的睡衣裤套装睡觉。这时期的套装借鉴了来自于英国统治下的印度服饰。这种来自亚洲的两件式套装睡衣裤被进口至英国，然后再出口到欧洲其他地区和美洲。这种新式的男士睡衣，通常具有异国情调，带有朴素且极具特色的传统装饰，比如褶边。图4-7所示的女式睡衣套装由优质丝绸制成，口袋、衣领和袖口都有镶边装饰，裤子则在侧边采用抽绳进行抽拉，裆底加入两块三角裁片增加活动量，使穿着更加舒适便捷。

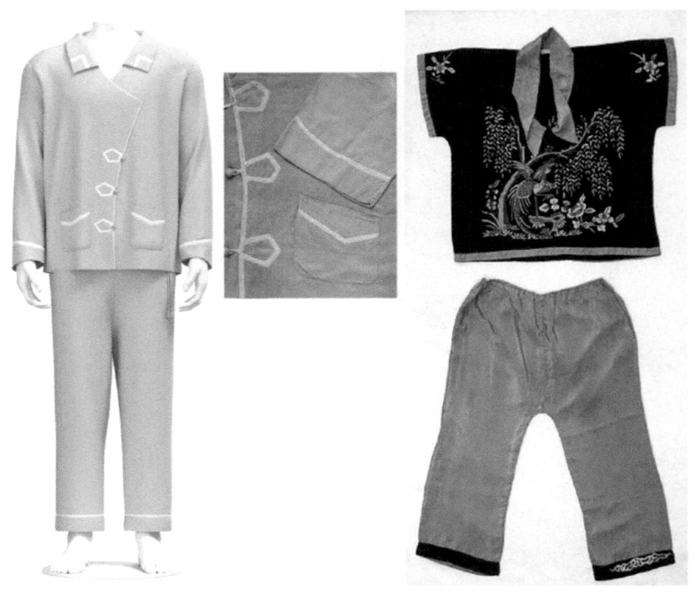

图4-7 女式睡衣套装（1920年，英国）

相较于女性，男士很快接受了两件式裤装睡衣。从19世纪80年代开始，欧洲男子穿上这种裤装睡衣入睡，有时在白天也会将之与宽松夹克搭配穿着。这种睡衣非常素净，图案多是条纹和螺旋纹，面料多为棉布、法兰绒和丝绸。第一次世界大战前，男士睡衣裤多为印花，华丽且流行各种亮色，到了20世纪30年代，图案色彩又变回了褐红色、棕色、暗绿色的条纹，显得含蓄又舒适耐穿，并延续至今成为经典的男装睡衣组合。如图4-8所示。

随着好莱坞电影在美洲与欧洲的流行，好莱坞女明星穿着顺滑柔美的睡衣出现在屏幕上，通过大银幕传播给更多的观众，成为大众模仿的对象，推动了当时的时尚潮流。许多大百货公司或者服装店的“电影部”，推出了电影明星服装的仿制品，如图4-9所示。例如在电影《一夜风流》中，出现了法国女演员克劳黛·考尔白穿着睡衣裤套装的镜头，使得这种套装睡衣流行了起来，人们纷纷到商店中抢购其仿制品。

图4-8 男子条纹睡衣套装及睡衣广告

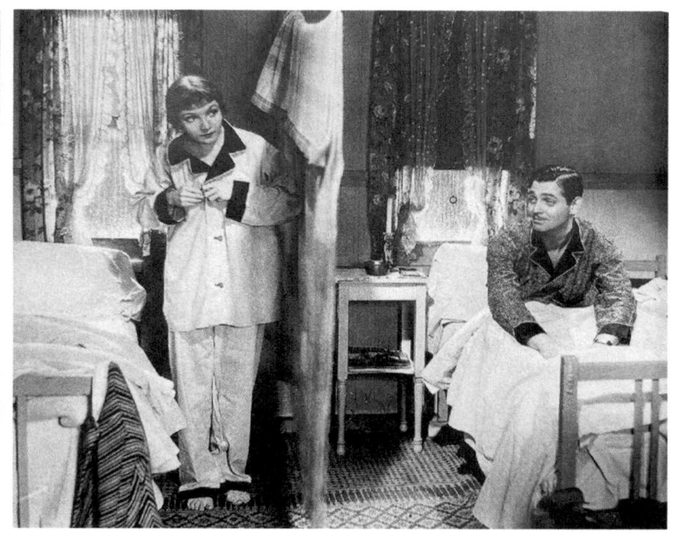

图4-9 好莱坞电影剧照

四、礼服式睡衣

20世纪30年代流行的斜裁式晚礼服，影响了睡衣的样式。女性睡衣设计更加强调女性柔美而修长的曲线美。此时流行酥胸半露的低领设计和精美的蕾丝以及轻薄透明的材料，勾勒出人体的线条。细长的裙身，悬垂性好的面料使睡衣产生修长的视觉效果，且胸下或腰间的细褶又增加了裙摆的宽度，方便活动。袖子同样参考晚礼服的设计细节，如图4-10所示。

图4-10　腰部由精美刺绣装饰的睡裙和蕾丝花边装饰的真丝睡裙

在20世纪40年代后期至50年代末期，半透明尼龙材料和新的合成纤维制成的薄纱、雪纺等面料应用于睡衣的产品中，由这种轻薄柔软面料制成的睡衣可以朦胧地显露出身体的曲线，如图4-11所示。美国时装设计师安妮·福格蒂（Anne Fogarty），强调浪漫和女性化家居服装在婚姻中的重要性，认为睡衣需能很好地装饰妻子的身材。她的设计通常采用柔和而朦胧的颜色与自然肤色相协调，在睡衣外搭配几件定制的长袍和家居服，饰以女性化的荷叶边和缎带，以便在家里和爱人就餐时穿着，如图4-12所示。

图4-11　轻薄柔软面料制成的娃娃装款式的睡衣及款式效果图

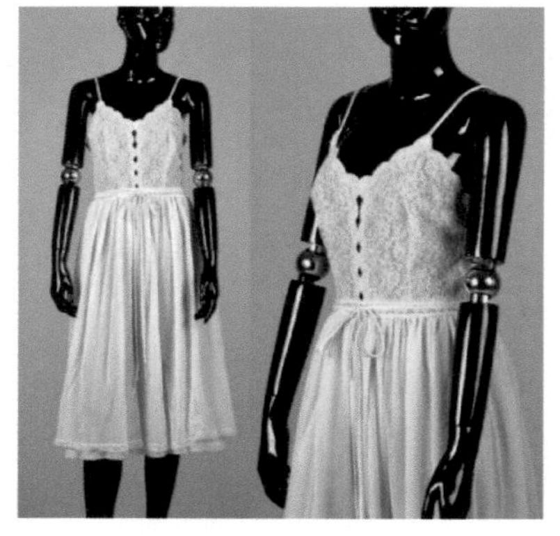

图4-12　Anne Fogarty 50年代尼龙睡袍

五、娃娃装睡衣

20世纪50年代末到60年代，随着战后"婴儿潮"一代长大成为新的时尚主导者，睡衣的样式更加富有朝气。在1956年的电影《宝贝儿》中，卡罗尔·贝克（Carroll Baker）成功地塑造了性情乖戾但脆弱的女主角，她身穿一件短小但宽大连衣裙的银幕形象风靡一时，在此背景下出现了娃娃装睡衣。这是一种宽大的、通常较短的圆锥形服装，从肩部或胸部下方垂下，形成娃娃装形的A字短裙，如图4-13所示。以图4-13右图缎纹的睡衣为例，衣服的长度到腰部或者臀部下面，比之前长及膝盖或脚踝的睡衣更为短小精炼，半透明面料呈现出若隐若现的身体轮廓，并运用印有玫瑰花图案的层层叠叠薄纱来实现更为精妙的透视感。娃娃装睡衣契合年轻一代活泼的新面貌，成为整个20世纪60年代流行的样式。

图4-13　短睡衣的流行（1958年）及借鉴电影（宝贝儿）的名字命名的娃娃装睡衣

第二节
非正式、半公开的家居服

家居服的概念是伴随着人们生活方式的变化而出现的服装形式。最初，男女家居服在形式和结构上没有多大的区别，随着社会的发展，西方的男女家居服渐渐呈现出不一样的面貌。18世纪，由于沙龙文化的兴起，女式家居服开始变得华美而考究。19世纪开始，家居服紧跟时装的流行变化，不仅款式和长度与外裙相类似，还融合了当时各种装饰的特点，如蕾丝装饰、花边、褶皱、镶边嵌边及在密孔刺绣中穿插各式颜色鲜艳的缎带等，使家居服更为精致柔美。20世纪初，东方艺术风格在西方开始流行，使亚洲的服饰风格影响了当时家居服的样式，充满异域风情。家居服作为一种非正式、半公开的服装，介于内衣与外衣之间，在它的发展过程中也出现过很多的名称，如晨衣、茶袍等。

一、晨衣

在过去，仆人可以进入主人家的任何房间甚至不用敲门，男主人也会选择在卧室或者更衣室与朋友或亲戚见面，而美发师、裁缝和医生也可以进入到主人的卧室工作。当时，人们出门参加正式活动前都要精心打扮一番，从起床到出门这段时间不适合只穿着睡衣，还需要一种舒适而体面的服装进行会客等活动，晨衣（英文为Banyan）的出现满足了人们的这种需求。从17世纪开始到19世纪，晨衣作为一种非正式、半公开的服装，是当时人们生活中的必需品，同时也是男式衣橱里非常重要的服饰单品。晨衣通常采用羊毛面料，既保暖又舒适，宽松的T字廓形方便活动，前中有纽扣或者腰部有腰带进行开合，长及脚踝确保对身体的全面包裹，如图4-14~图4-16所示。晨衣的实用性穿着方式一直延续到今天，只是材质、图案和款式更加多样，有不同的风格以满足不同人的需求，如图4-17所示。

图4-14　17世纪男子晨衣

图4-15　18世纪男子晨衣（大都会博物馆藏）

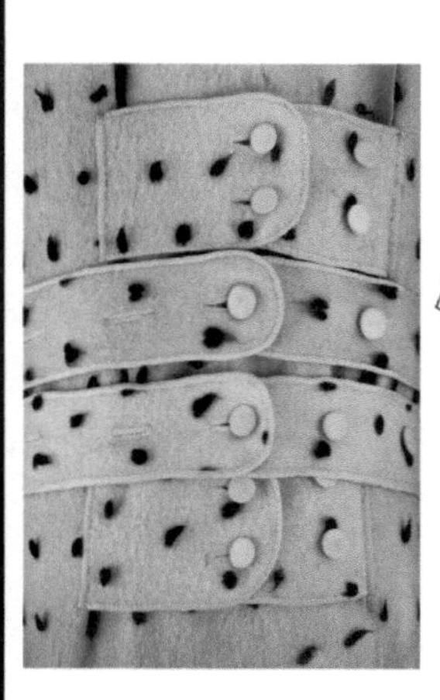

图4-16　19世纪英国男式羊毛法兰绒晨衣、腰部细节及款式结构效果图

图4-17 现代常见的男士条纹晨衣及印花款晨衣

19世纪开始，女性开始用带有精美装饰的短上衣作为自己的晨衣。随后女式晨衣逐渐加长至膝盖，并用腰带来固定，接近当代的浴袍。20世纪20年代末和30年代初，女式睡衣和晨衣的剪裁及风格都很简单，但常用精致的蕾丝、毛皮或羽毛作为装饰。图4-18这件20世纪20年代末或30年代初的法式女短晨衣，采用披肩式的简单裁剪，连身袖结构设计，双层真丝缎面料使服装散发出温润的光泽，而袖口和衣领装饰的白色和粉红色鸵鸟羽毛为晨衣增添了整体的神秘感与奢华感。

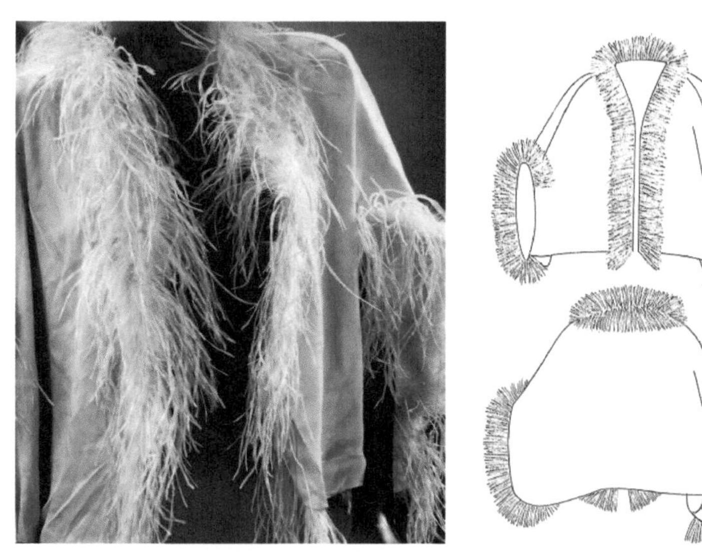

图4-18 法式女短晨衣及晨衣结构效果图

二、茶袍

19世纪70年代出现的茶袍（tea gown），跨越了内衣和外套之间的界限，是一种非正式家居服和奢华便服的混合体。当女性在家时，松开或脱掉紧身胸衣，宽松的茶袍能包裹住女性的身体，使她们在会见闺中密友时轻松而得体。20世纪初，茶袍越来越流行，通常采用精致的丝绸面料，并饰有缎带和蕾丝。高级女装设计师如卡洛特·索尔斯（Callot Soeurs）和露西尔（Lucile）等都推出过性感迷人的茶袍。下午茶文化的流行，使得茶袍的设计更加华丽而典雅，各种面料以及装饰手法，如珠绣、丝带绣花、蕾丝花边等都大量应用。从裁剪上，此时的茶袍不再采用宽松廓形，而更贴合女性的曲线。在爱德华时期，茶袍在私人场合中广泛应用，同时成为室外花园派对和下午茶场合的半正式服装。

图4-19所示的这件茶袍是1905年由巴黎时装屋卡洛特·索厄斯（Parisian couture house of Callot Soeurs）为名媛埃米莉·格里斯比（Emilie Grigsby）制作。这件粉色丝质锦缎茶袍，用精致花叶图案来衬托衣服主人白皙的皮肤。茶袍带有洛可可风格的元素，采用前开襟，上衣与裙身相连，微微收腰，后背有一个长长的华托褶，极具装饰效果，袖子长至肘部，宽大的袖口折边向上翻折，沿着门襟及袖口装饰一圈精美的蕾丝花边，以增添茶袍的华美。图4-20所示为19世纪末的茶袍及杂志上的茶袍广告。

图4-21所示的这件东方风格的茶袍，是纽约大都会博物馆的收藏品，其款式造型受到20世纪初东方艺术运动的影响。

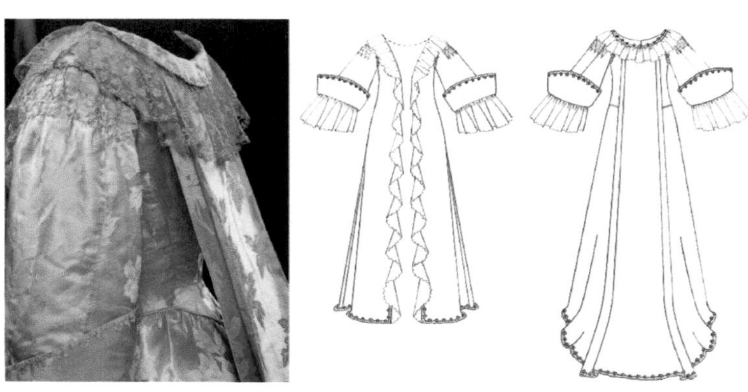

图4-19　茶袍及款式结构效果图

图4-20　19世纪末的茶袍及杂志上的茶袍广告

图4-21　东方风格的茶袍（20世纪初）

三、配饰——睡帽

睡帽风格各异，有简单的，也有非常精致的。在早晨梳妆前，它们能有效地遮盖蓬乱的头发。一些女性甚至戴着它入睡，以保持她们时尚精致的发型。图4-22所示的这顶贴身睡帽，头顶后部由一块浅蓝色软缎和机织的网纱拼接制成，并用粉色丝绸缎带排列成褶饰和玫瑰花结装饰。精致的帽子不仅能保护头部，更可以成为时尚搭配。18世纪男式的家居帽上会刺绣精美的图案，以搭配此时的装饰风格。19世纪开始，男装的风格变得低调务实，帽子相对朴素一些，没有过多的装饰，常采用与晨衣相同的材质制作而成，如图4-23所示。

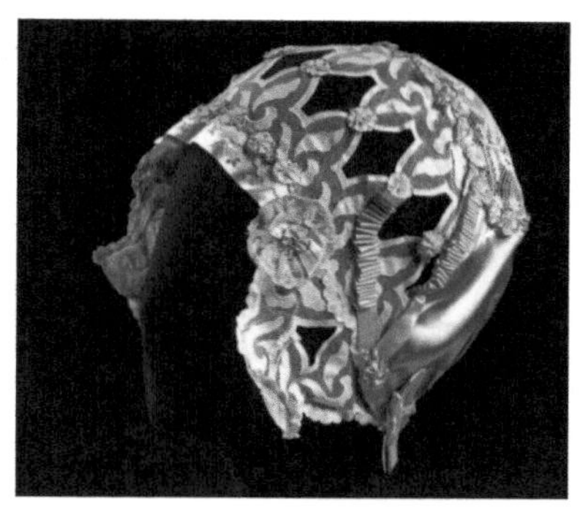

图4-22　贴身睡帽（1924年，英国）

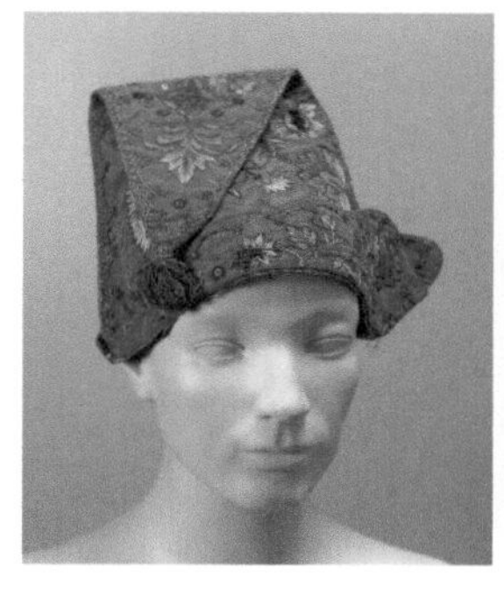

图4-23　男士睡帽及油画中穿着晨衣与睡帽的男士形象

第三节 现代家居服

现代快节奏的生活方式，促使人们对于家居服的选择发生了变化，简便舒适的家居服更符合当下人们居家休闲的要求。家居服无论是从面料的应用、款式的选择，还是细节的考量上都以舒适为主要的参考要素，舒适方便的T恤款式成为当下最流行的样式，随着国风与民族风的流行，彰显个性的民族风家居服成为许多人的选择。

一、T恤款式家居服

T恤套头款式的家居服满足了人们对简约、舒适生活的追求，是市场上最普遍的样式。上衣一般采用最基本的T恤衫裁剪，廓形根据季节与款式的变化，分为贴体型与宽松型，领型以圆领和V字领最多，有长袖或短袖。下身裤装也根据面料及功能需求加放不同的宽松量，根据需求搭配长裤、中裤或短裤。如图4-24左图所示的这种圆领、无袖背心款上衣适合夏天家居穿着；右图款式适合春秋季节及空调房间穿着。

二、全棉针织内衣

图4-25所示的这款内衣俗称“保暖内衣”，是近年来我国众多消费者居家或睡觉时穿着的服装。它具有良好的弹性、亲肤的面料以及包裹性强的特点，也成为打底衣服的最佳选择。高舒适度及具有保暖功能的面料是其主要的特征，也是秋冬居家或打底搭配常见的款式。

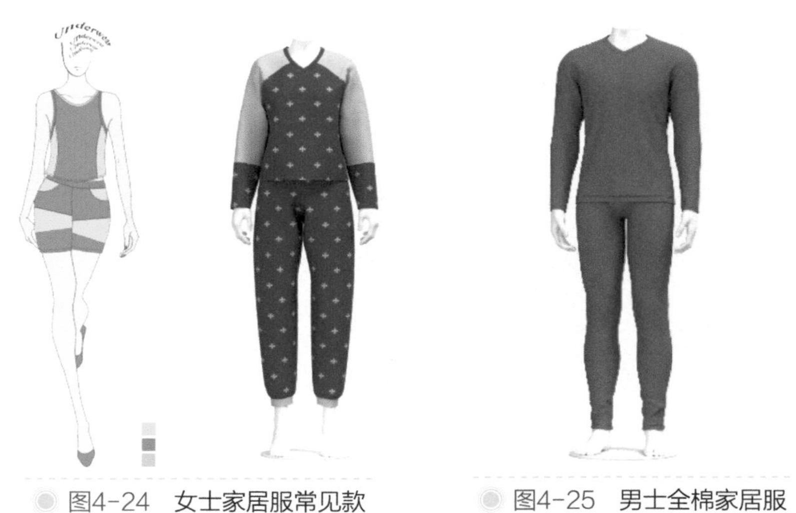

图4-24　女士家居服常见款

图4-25　男士全棉家居服

三、体现个性国风元素的家居服

为了彰显个性以及在现今民族风盛行的影响下，以中国风为代表的民族元素，用传统图案，或者结合传统服装廓形运用于家居服中，体现时尚与文化魅力。如图4-26所示为我国传统仙鹤纹样结合交领服装结构的家居服。

图4-26　中国风家居服系列设计

第五章

泳装的发展

自古，人们就意识到水对于人类生活的重要性。古罗马时期，人们裸身或者穿着亚麻、羊毛等材质制成的长袍在公共浴室内泡澡，到中世纪时，在河流里嬉戏成为人们亲近水的一种方式。20世纪开始，交通变得更加便利，海滩成为人们热衷、向往的地方。现代意义上的泳装（英文常用swimwear、swimsuit）就是从海滩浴衣发展而来的。随着时间的推进，人们从邻近的海滨度假到异国海滩游玩，从海边泡浴到海里游泳、冲浪等各种运动，与水相关的活动变得丰富多彩，穿着的服装也随着不同的需求变得更加多样。随着纺织面料科技的快速发展，氨纶纤维在泳装面料上的应用，使得穿着时更舒适，且能更好地满足不同水上运动的功能需求。泳装除了满足运动时的功能需求外，同时也表现时代风尚以及彰显人们的社会地位与偏好。图5-1所示为19世纪末海滨浴场广告画。

图5-1　19世纪末海滨浴场广告画

第一节 泳装早期的形式

一、泳装的诞生

早期的泳装公司是从针织工厂发展而来的。传统的针织公司生产针织袜和男士内衣以及羊毛外衣，因为针织内衣有一定的伸展性，人们常常当作运动时穿着的服饰。20世纪初，美国俄勒冈州的波特兰针织公司为波特兰赛艇俱乐部设计制作了一套用于寒冷天气的羊毛衫，这是一件纯天然的羊毛连体衣，采用罗纹针织面料制成。可拉伸的面料使人体活动时更灵活，所以非常受欢迎，最后促使该公司将“浴衣套装”作为新商品放到1915年的商品目录，6年后更名为“泳衣套装”。随后公司也将名字改为詹森（Jantzen）针织厂，成为著名的詹森泳装公司的前身。许多针织公司看到这个商机，纷纷投入生产相关的产品，如现在知名的专业泳装品牌速比涛（Speedo），也是从生产针织内衣与袜子的针织公司开始发展起来的。在高弹橡胶线广泛应用前，针织泳装成为当时主要的泳装款式，如图5-2所示。

作为当时知名的针织公司，詹森（Jantzen）针织厂通过在杂志上刊登宣传广告，来推销采用罗纹织物制作的泳装。图5-3左图为1918年该公司首批推出的女性泳装针织品广告，其中帽子、泳装、袜子都是采用精纺纱线，用经典罗纹织物制成的。主要款式是背心长上衣和及膝紧身裤，配色有黑色和金色、白色和黄色、绿色和白色，以及橄榄色和深绿色。针织泳帽也是泳装重要的配件，可以在游泳时保持发型不变。1924年伦敦戈林百货商店的广告，展示了当时泳装的时尚程度，如图5-3右图所示。

图5-2　大卫·琼斯公司出品的针织泳装（1906年）

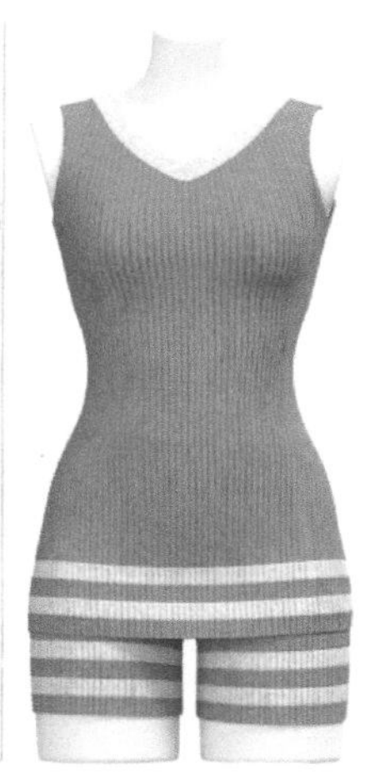

图5-3　詹森公司泳装广告、两件式针织泳装及时尚款式泳装

受到维多利亚时期传统社会风俗的影响，女性不允许穿着暴露的衣服出现在海滩等公共场合，需要将身体包裹在层层叠叠的衣服中，面料也要选择厚重的哔叽、棉布和羊毛织物，以避免浸湿后出现不雅的情景。随着社会观念的不断改变及女性社会地位的提高，女性能参与更多的体育活动，同时也能更自由地展现身体曲线。20世纪20年代，女性采用两件式和一体式的泳装款式，其外观由一件长到大腿或膝盖的上衣与贴身短裤组成。此时泳装的面料还是以羊毛、丝质针织布、斜纹棉布、哔叽等材质为主，这些面料在浸湿后会变

形、加重，裹在身体上，导致很容易暴露人们本不想裸露的部位，厚重材质的泳装已不再适用。到20年代末，欧洲的精英们热衷于参加网球、射击、钓鱼、骑自行车、散步和游泳等运动。泳装更加强调运动功能，大U形领口、低腰与短裤的设计能方便人们活动。1929年发表的一篇说明泳装演变过程的插图，从中可以看到，泳装从短袖到无袖，短裤变短，舍弃外裙变得更便捷，线条更流畅，减少对身体的压迫和束缚，还能搭配帽子与外套，如图5-4所示。

图5-4 泳装款式的发展变化及人们在海滨游玩时的插画

二、立体主义和现代艺术在泳装上的体现

20世纪20年代，新的艺术思潮影响着社会的方方面面，泳装的设计融入了立体主义和现代艺术的元素。艾莎·夏帕瑞丽（Elsa Schiaparelli）、简·帕图（Jean Patou）和索尼亚·德洛奈（Sonia Delaunay），都将立体主义启发下的平面设计作品融入他们设计的海滩披肩和围巾中。夏奈尔（Chanel）和朗万（Lanvin）等时装精品店均出售泳装，这些泳装大多采用深色，常采用黑色和奶油色、海军蓝和白色、海军蓝和黄色条纹等颜色搭配，横条纹、小锚或模拟帆船俱乐部徽章等图案成为装饰点缀在泳装上，使设计更加活泼生动，与时代的设计风格保持一致，如图5-5所示。有时在肩带或胸袋上饰有白色或红色纽扣，领口为圆形或方形，裤腿的长度有的到大腿根部，也有较长的到大腿中部，细细的皮质腰带用简单的方形带扣水平固定，如图5-6所示。20年代的沙滩装配件也陆续出现，时尚的木柄沙滩阳伞等，在当时的度假泳装系列产品中占有一席之地。

图5-5 浴装上的时尚印花样式

图5-6 20世纪20年代典型的海滩场景

三、为了晒黑背部的镂空设计

欧洲人认为日光浴是健康的户外活动，因此热衷于享受海滩的日光浴。20世纪20年代流行男孩子气、瘦骨嶙峋、晒得黝黑的身材，与以前流行的丰满、粉红色和苍白柔美的女性形象大不相同，时尚发生了革命性的变化。女性抛弃紧身胸衣，取而代之的是更舒适的丝绸、新型人造丝内衣和精细的针织内衣。女性戴着简单、系带的文胸，以增强苗条的外观，这体现了女性自然的身体曲线，而不是以往人为的塑型。这种苗条的外观需要控制好饮食以及更多的运动。同时，为了增加晒黑肤色效果，泳装的背部采用大镂空设计，并以轮廓分明的装饰艺术风格的几何棱形裁剪为特色（如图5-7左图所示），泳装图案灵感源自现代主义的设计，采用了几何纹样及深浅颜色结合的搭配（如图5-7右图所示），交叉背带成为了一种时尚的设计细节，一直延续到今天。针织面料质感平整，且编织紧密，外观类似弹性的紧身裙子。

图5-7 20世纪20年代末的泳衣

为满足更多人享受日光浴的愿望，使海滩不再是人们唯一的选择，公共游泳池开始出现，在意大利威尼斯附近就有许多以日光浴和游泳闻名并被命名的地方。巴黎最著名的莫利塔（Piscine Molitar）是一个巨大的装饰艺术馆，环绕着一个游泳池，巴黎人可以在那里享受夏日的阳光。这促进了人们对于泳装的需求，设计师和泳装公司纷纷推出了不同定位的产品，以满足人们日益增长的享受日光浴的愿望。

四、20世纪30年代好莱坞电影对泳装流行的推动

20世纪30年代初，泳装上衣仍然以背心式的无袖或短袖风格为主。直到30年代末，一件连体式的泳装才最终被公众所接受。30年代的经济大萧条，使得华尔街股市崩溃、零售业发展缓慢，相反电影院和剧院非常热闹，人们在电影中得到慰藉。银幕上的衣橱引领了当时的时尚潮流，在许多电影中出现的泳装，成为了人们追捧的对象。好莱坞的电影就是一个强大的广告工具，人们通过荧幕看到明星们的穿着，希望拥有相同的服装以增强自己的魅力，这对泳装行业的发展起到了推波助澜的作用。好莱坞的女明星们与泳装制造商签订了广告合同，穿着最新设计的泳装亮相或拍摄广告，普通人可在百货连锁店的柜台上买到相似的泳装。此时宽肩、自然的胸部轮廓和修长的身材，取代了20年代扁平男孩子般的身型成为时尚主流。泳装的设计呼应这一时代特征，展现出女性丰满和圆润的胸部，同时强调整体的曲线美，如图5-8所示。

图5-8 20世纪20年代末30年代初的泳装（右图是詹森品牌的宣传广告）

五、新材料在泳装中的运用

20世纪30年代，面料的创新及快速发展，为泳装带来了革命性的变化。1931年邓禄普（Dunlop）橡胶公司向市场推出了Lastex橡胶纤维，将纤维纺成非常细的纱，具有极佳的弹性，可以织成多种不同类型的面料。有弹性且有一定防水功能的新材料，为泳装和内衣行业带来了新的发展。随后绒面革、天鹅绒和缎面针织物（人造弹性天鹅绒）等奢华新面料不断面世，Lastex橡胶纤维与人造丝混纺制成的新面料，光泽度、弹力强度、手感都是前所未有的。随后许多位于加利福尼亚州的美国公司，如Jantzen、Mabs、Cole、Catalina和BVC等都开发出了他们自己专利的新面料。由于新纱线的出现，美国加利福尼亚州成为了泳装行业的中心。与传统针织泳装相比，新面料泳装有更丰富的颜色和印花图案，热带、花卉、丛林风格的印花图案很受欢迎，沿着中心接缝向上或向下排列的条纹也很受欢迎。

图5-9 可拆分结构的泳装

詹森（Jantzen）公司推出了他们的贴体（Molded-Fit）泳装。这种泳装非常柔软，由被称为“奇迹纱线”的Lastex橡胶纤维制成，它的面料可以在各个方向拉伸来塑造身体曲线，即使在潮湿的情况下也能保持形状。另一家加州公司BVC是第一家在泳装里采用内置胸罩的，但很快大多数采用这种弹力面料的泳装也采用了这种内部结构，以塑造圆润的胸部。泳装设计师Gantner Matte设计的“浮动文胸”可以与泳装外衬分离，即使是浸湿后女性胸部仍能优雅地凸显出来。图5-9所示为身材苗条的明星伊芙琳·格

图5-10 带罩杯的印花针织泳装（1930年）

雷格（EvelynGreigposes）穿着詹森（Jantzen）公司用Lastex面料制成的泳装于1934年拍摄的照片，此套服装结构独特且具有现代风格，上衣用大纽扣系在短裤上，成为可拆分的结构。

图5-10这款由法国人设计的Lastex针织泳装，带有法国植物花卉印花。它采用了罩杯的结构设计，后背还有交叉可调节的肩带，这给穿着者带来女性化的造型，金属调节器是20世纪30年代内衣附件产品的新发明。

Lastex面料制成的泳装，在穿着的前几次看起来很好，潮湿时比起针织面料更能保持形状，面料不下垂。但橡胶纤维制成的泳装不舒服且容易撕裂，多次游泳后也会变干和破裂，使用寿命有限，其流行的时间相对较短。制造商们不断寻找其它的解决方案，如与橡胶纤维类似且性能更好的材料。杜邦公司于1935年生产出了尼龙面料，提高了泳装的弹性和耐用性，杜邦公司后续开拓的涤纶和莱卡用于泳装产品，开启了紧身、舒适泳装的新时代。

六、两件式泳装的出现

泳装市场在美国蓬勃发展。好莱坞式的Lastex泳装因价格昂贵，对大多数女性来说是遥不可及的。多数美国女性根据杂志上的设计缝制指导，自己制作泳装。英国女性则较为保守，多穿着传统的针织泳装。相比之下，法国人以创新精神引领潮流，早在1933年就推出了两件式泳装（two-piece），如图5-11所示，可以说是比基尼的前身，其特点是上衣与下身分开，腰部露出皮肤，保守一点的款式一般上下距离不超过7.6cm（3英寸），采用高腰裤的设计。

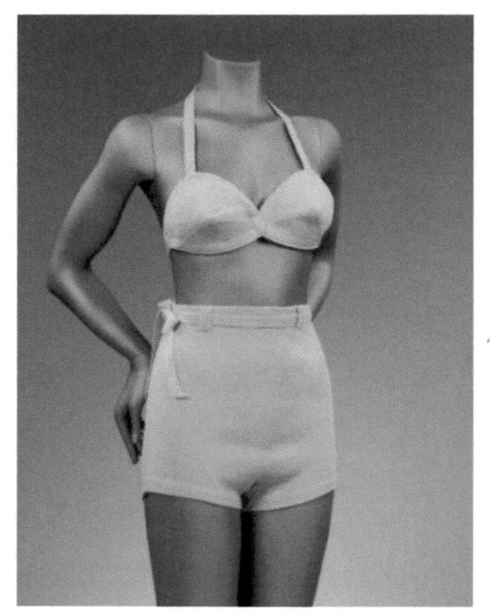

图5-11 两件式泳装（1938年）

七、户外活动对泳装设计的影响

人们在海滨嬉戏玩耍，除了游泳外还参加保龄球、推杆和槌球等运动。短裤、挂脖上衣、连体裤和沙滩长袍与泳装搭配一起成为人们在海滨时穿着的组合。知名的服装设计师，如夏奈尔、帕图、夏帕瑞丽等不断推出新的时尚泳装款式，并开发设计了与泳装配套的橡胶鞋、帽子、包、围巾等配饰，丰富了人们海滨度假时的衣橱，如图5-12和图5-13所示。

图5-12 海滩场景图（1938年）

图5-13 沙滩装（1930年，英国）

骑自行车、远足出行等户外活动吸引了美国和欧洲的时尚人士，露天游泳池也成为了人们社交的热门地点。为了推动与之相关的泳装产品，时尚杂志的内页和广告页展现了模特跳水、跑步和游泳等运动时的矫健身姿。美国设计师海伦·伊兰德（Helene Yrande）专门设计了带有条纹图案的高领上衣搭配短裤款运动型泳装。图5-14是20世纪30年代末，吊带连体裤搭配加了垫肩的短袖长夹克，经典的配色与图案，这是早期航海风格的服装，非常适合航海出行时在甲板上穿着。

图5-14 泳装外加配套长外套，成为运动休闲服装的新搭配

八、选美比赛助推泳装时尚化

在美国小姐比赛中，最早出现了泳装展示的环节。作为参赛者，她们将在全世界范围内身着泳装的照片将被公布于全世界，在早期较为保守的环境下，这种行为曾受到怀疑。直到第二次世界大战之后，随着社会风气变得更加开放，泳装环节成为选美比赛的亮点，商业化的选美比赛也开始在世界各地出现，选美比赛为泳装业的发展起到了巨大的推动作用。参赛的模特穿着泳装，展示了泳装的最新结构设计、面料、工艺等时尚趋势。图5-15所示为美国选美比赛中佳丽们身着泳装的照片。时至今日，选美比赛上各佳丽所穿着的泳装式样得到展示后，各制造商们一定会迅速仿造它，并快速地将其推向市场。

图5-15　美国选美比赛中佳丽们身着泳装的照片（1937年）

九、战争对泳装设计的影响

1939年第二次世界大战爆发后，许多著名的泳装制造商被征召制造降落伞或军装，尼龙成为军需用品被用于战争。由于物资紧缺，时装设计师纷纷设计简洁而方便的服装，以节省布料和装饰物。两件式泳装流行于战争年代，也是出于节省面料的需要，而不是为了突显性感。两件式泳装与比基尼之间的关键区别在于两件式泳装要遮盖住肚脐。图5-16为20世纪40年代流行的两件式泳装，其上衣采用绑带挂脖设计，高腰裤子两侧拼接收褶，后中拉链设计，打造完美的贴合感，经典的两件式仍然覆盖着身体的大部分。在广泛使用弹性合成纤维之前，泳装常利用褶皱工艺塑造女性的曲线，同时便于泳装成形和拉伸。玛丽莲·梦露（Marilyn Monroe）担任广告模特展示这种款式，采用不同密度的皱褶工艺，既塑造了胸部、腰部与臀部的造型，又增加了泳装表面的肌理。

图5-16　两件式泳装（1940年）

战争时期，面料供应短缺，人们大都自己动手制作泳装，主要材质有羊毛、棉布。方格棉布和泡泡纱搭配纽扣也是当时流行的设计，使泳装既富于变化，制作又简便。图5-17左图这款自制泳装，用不寻常的木扣非常巧妙地将面料固定在背部下方。图5-17右图中的新款泳装使模特极具魅力，还会吸引人们按照女性杂志上登载的泳装款式及制作方法，自己在家制作泳装。事实上，自制的泳装没有那么舒服。干的时候，针织衫会沾满沙子；湿的时候，沉重的面料会向下滑，胸部和后背也会露出来，下坠的针织衫甚至会掉到膝盖下方。

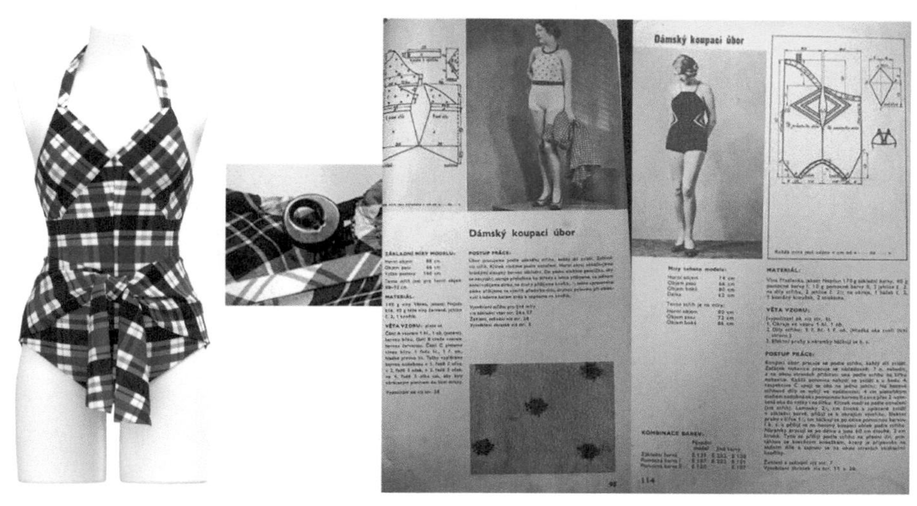
Dámský koupací úbor

Dámský koupací úbor

图5-17　英国格纹泳装和细节图示及杂志上自制针织泳装的方法（1940年）

第　二　节

第二次世界大战后泳装的蓬勃发展

一、比基尼的出现

1945年第二次世界大战结束，大西洋两岸各国取消了战时配给制，人们可以拥有更多的物质材料来装点自己的生活，经济复苏带来了社会及文化的繁荣与开放。著名的“比基尼”（bikini）泳装就是在这个时代背景下产生的，这款泳装由法国工程设计师路易斯·里德（Louis Reard）于1946年推出，如图5-18所示。其名来源于南太平洋群岛上名为比基尼的岛屿，因为美国在该岛试验一枚威力空前的原子弹引起社会的轰动，设计师希望借用这一名称以增加设计的知名度，在当时引起了轩然大波。路易斯·里德设计的比基尼，由两片三角布和细绳连接组成，非常单薄，面料只用了76cm（30英寸），并首次将肚脐置于中心位置暴露出来。在当时因太过于暴露，以至于没有巴黎模特敢穿它，因此，路易斯·里德聘请了贝尔纳迪尼（Micheline Bernardini）（一名裸体舞者）穿着它参加时装发布会。

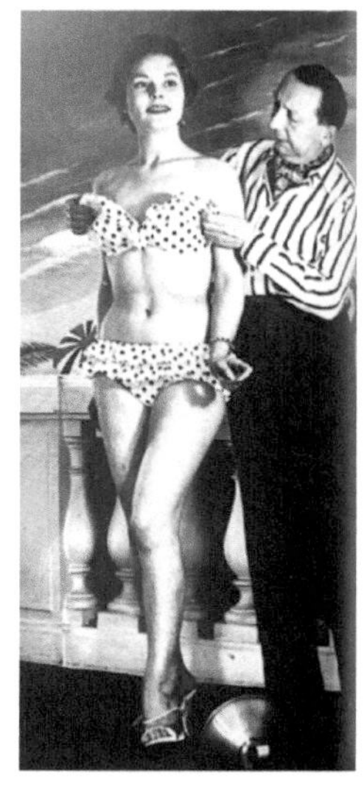

图5-18　比基尼（1946年）

比基尼的亮相引起了公众的哗然，被认为是对传统观念的挑战。在其问世后的很长一段时间里，欧洲很多国家都明令不准在公共场合穿着，世界小姐选美大赛中，组委会也禁止参赛选手穿着比基尼。比基尼被宣布在道德上是“猥亵的”，与之前推出的两件式泳装不同，比基尼露出了腹部和肚脐——之前人们认为这就像裸露乳头一样不道德。直到20世纪50年代末，好莱坞开始接纳比基尼，玛丽莲·梦露身穿比基尼的照片出现在各种时尚杂志上，人们才开始对这种性感的泳装另眼相看。现代比基尼成为泳装的基本款式之一，受到许多女性的欢迎。

二、沙漏型泳装

随着战后经济的复苏，社会各方面都得到了蓬勃发展。从建筑、家具到汽车，以及泳装的设计，都强调流线型的造型与夸张的装饰。女性服装受到迪奥新风貌风格的影响，强调女性化的身体曲线美，沙漏型的外观再次流行。在弹性面料、钢丝、鱼骨的帮助下塑造着当时的时尚外轮廓。各种奢华的元素，如华丽的丝绒、缎面料、氨纶和绚烂的金色、闪耀的亮片都被用在泳装设计里，如图5-19所示为20世纪50年代镶嵌着水晶宝石的Jantzen泳装及其宣传广告。受到40年代成衣风格的影响，泳装罩杯从优雅内敛的半圆形变成了夸张的圆锥形，腰部收得更紧，以此来突出女性性感的形象，如图5-20所示。好莱坞的影响力，开始从美国直至遍及全世界，女明星们的衣着打扮成为这时的风向标与模仿对象。

图5-19 镶嵌着水晶宝石的Jantzen泳装及其宣传广告（1950年代）

图5-20 凸显女性曲线美的泳装（1950年代）

三、人造纤维的新应用

泳装除了在款式上出现了新的流行风尚，人们对穿着的舒适性和实用性也提出了新需求。20世纪30年代出现的人造纤维如Lastex、尼龙等也被应用于泳装中。但由于技术的限制，这些纤维应用于泳装中还存在不少缺点，比如海水对面料的侵蚀，潮湿时容易变形等。为了使泳装更具抗水性，美国一家为泳装制造商生产弹力纱的橡胶公司（US Rubber）开始研制自己品牌的泳装，他们生产的橡胶泳装在舒适性上欠佳，且穿着几次后会出现边缘卷曲和褪色的现象，但是这个新产品为泳装带来了新的发展方向。橡胶泳装在外观上采用之前设计的款式，没有创新，但这种橡胶材料的应用，为探索专业性追求速度的竞技类泳装指出了新的方向。由美国橡胶公司生产的系列泳帽至今都非常流行。

人造纤维在战后迎来了大发展，面料公司从研究军用材料转为对时尚面料的开发，氨纶、涤纶以及初代莱卡（杜邦公司）在此时出现，并开发出了各种新型的面料。泳装行业因此获益，新型的材料开发出了新的产品，以满足人们快速增长的各种需求。图5-21所示为泡泡纱面料的泳装。

图5-21　泡泡纱面料的泳装（1940年）

四、无肩带泳装

无肩带紧身泳装也是20世纪50年代流行的款式，其特点是前中开口剪裁极低，V形领口突出了乳沟，强调了胸部的造型。此时泳装在内部加上了紧身胸衣的结构，弱化了肩带的支撑功能，使其更具装饰性，如图5-22左图所示是玛丽莲·梦露为泳装拍摄的广告。胸部是泳装设计的重点，常以褶皱、荷叶等装饰点缀，带有胸衣支撑结构，提升胸围，强调腰围设计的泳装会在后中或者侧面加上拉链。下身则像20年代的一体式泳装，外面一层为盖过臀部的超短贴身裙，内里搭配一条短裤方便活动，如图5-22右图所示。新型的比基尼当时对于大多数人来说过于时髦，所以一体式泳装还是主流的款式。有一些泳装套装采用褶边式上衣，可以直接套头来穿；一些好莱坞的明星们也常穿着无肩带泳装出现在银幕和广告中，如图5-23所示。

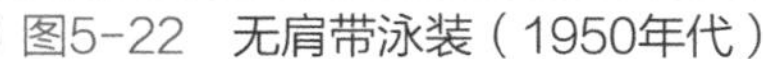

图5-22　无肩带泳装（1950年代）

图5-23　詹森公司的泳装广告（1950年代）

美国对国际泳装设计产生了巨大影响，很多设计师创造了时尚泳装。一件套、两件套、外衣、帽子等很快结合在一起，形成了海滩系列。无肩带泳装很受欢迎，也让手臂和脖子看起来很苗条，它同时展示了晒黑的肩膀，又不会留下尴尬的肩带痕迹。

第 三 节

泳装的多元化

社会经济与科技的发展，促使尼龙、莱卡、金属质感的各种合成新材料问世，结合金属环扣、流苏等辅料，为泳装的发展和款式的变化提供了支持，带来了泳装多元化的风格。泳装的设计虽受到流行时尚的影响，但有着自身独特的变化与流行。

一、冲浪泳装

图5-24 冲浪泳装及冲浪套装（1960年）

冲浪是沿太平洋海岸线国家非常喜爱的一种运动。冲浪泳装的材质需要比普通泳装更结实，还要有保护层的功能，可有助于防止擦伤和减轻巨浪对身体的冲击。早期冲浪者穿着舒适、休闲的短裤和上衣。随着冲浪运动变得流行，到了20世纪60年代末，出现了一些专为冲浪设计的品牌，款式设计除保持原有的保护功能外，还加入了不同的流行元素。图5-24所示为运动风格的三件式冲浪泳装，反映了冲浪运动的特色，不再强调性感的乳沟，裹胸式上衣柔软、舒适，搭配简洁的肩带成为当时的时尚。泳装外套的环形拉环、拉链的色彩与上衣形成鲜明的对比，时尚而不繁琐，服装显得更舒适、更自然。

二、尼龙泳装的流行

20世纪60年代初，尼龙纺织工艺技术不断进步，成为一种新的神奇材料。尼龙织物的厚度足以自行塑造形体，不必再依赖复杂的内部结构支撑造型。尼龙泳装无论是干燥还是浸湿，其外观造型都能保持不变，而且生产成本低，很受消费者欢迎。印染工艺的进步使得当时的尼龙泳装颜色变得更加鲜艳，许多制造商将其作为重要的特征在广告中极力推广宣传。丰富而多变的图案设计成为此时尼龙泳装的另一特色，佩斯利纹样（也有称波斯纹样）绚烂繁华的图案成为当时的流行纹样之一。图5-25所示的尼龙泳装广告为1961年布莱（Bri）尼龙公司与戈萨德（Gossard）公司

图5-25 尼龙泳装的广告

为宣传合作开发的新型面料，这种面料具有快干、不缩水、不易腐烂而且能贴合身体的特性，可以制作出多彩而贴体的时尚泳装。

三、钩编泳装

传统的钩编工艺用在新式的比基尼泳装上，非常受年轻人的喜爱，因此在海滩上流行了起来。同时流行采用羊毛与尼龙混纺的纱线，用钩编方式制成各种泳装套装：背心、束腰外衣和轻质开襟夹克，以搭配比基尼。莱卡比尼龙更轻，弹力更大，可以织成更细、体积更小的织物，非常适合用于制作泳装。图5-26所示为多种色彩线钩编的泳装，色彩与纹路的变化，使泳装更好地衬托出女性曼妙的身姿。此时人们对各种扣件有很大的兴趣，只要有流苏和花边，就能看到带子、环扣和编结与之相搭配。这样的配饰装饰风格对随后的嬉皮士造型风格产生了一定的影响。

图5-26 钩编泳装

四、“迷幻”与几何图案泳装

20世纪60年代，“迷幻”风格涵盖时尚、音乐和艺术。迷幻风格的印刷品中抽象的图案与亮丽的色彩让人眼前一亮。幻彩的图案被应用在此时的泳装设计中，泳装的后背领口向下降，露出更多优美的背部线条。其中最具代表性的设计师是艾米利奥·璞琪（Emilio Pucci），善于用丰富的想象力创造出迷幻图案的印花泳装。1963年，他推出了时尚界前所未有的、令人兴奋的、华丽的印花丝绸系列，以白色为底搭配大胆而活泼的糖果色图案，让女性更具活力。如图5-27所示，这种风格时尚，掩盖了年龄，一直流行至今。

图5-27 鲜艳的色彩与几何元素“迷幻”图案的泳装

五、泳装融入时尚领域

随着人们对于新款泳装的需求越来越大，更多的服装设计师涉足这一领域，推出了吸引眼球的新系列。1966年春，克里斯汀·迪奥（Christian Dior）设计推出了与比基尼搭配的白色蕾丝透明连衣裙；20世纪60年代后期，受阿波罗火箭计划带来的探索太空热潮的影响，设计师们采用大量银色面料来展现对未来的畅想；先锋设计师安德烈·库尔雷斯（Andre Courreges）和皮埃尔·卡丹维尔（Pierre Cardinwere），用简洁的几何形裁剪为泳装带来新的面貌与创新；拉巴尼（Rabanne）喜欢尝试各种非传统的服装材料，如用金属制品、铆钉和皮革，用链子和铁环将比基尼上衣和裤子连接起来，使泳装变得更加新颖与多变，如图5-28所示。

图5-28 时尚比基尼

图5-29所示为两件裁剪非常独特的泳装，左图是20世纪60年代的一件带有白色印花图案的蓝色泳装，腰部区域的裁剪方式具有创造性，泳装从后面看像比基尼，而前面的X形设计使穿着者腰部显得更加纤细。右图是一件20世纪60年代的蓝色镶白色边的泳装，长长的肩带系在后背的纽扣上，露出优美的背部线条。裤子保持着适度的高腰。从正面看，这件泳装看起来像是一套两件式的短款泳衣，前后不同的结构使泳装更加富于变化。

图5-29 裁剪独特的泳装

六、民族风格的影响

在20世纪70年代，泳装面料发展迅猛，弹力面料和尼龙面料以其色泽与质感的优势成为大众市场的主流。随着长途旅行的盛行，多姿的异域风采吸引着众多的设计师，斑马、豹纹和虎纹等动物印花纹样成为了图案的主题。嬉皮士们从印度、突尼斯和摩洛哥带回棉布长袍和钩编的服装，影响了大众的审美，民族风格和波西米亚风格渗透到高级时装和成衣中，常见的装饰手法，如细带、流苏、刺绣图案和珠子等同样应用在泳装上。20世纪70年代，镂空侧边和花边装饰是很重要的细节，如图5-30所示。而丁字裤则采用了新的、很结实的织物，可以直接拉到位而不会撕裂。

20世纪70年代嬉皮士们对旅行的热爱也影响着年轻一代去探索世界。他们选择去寻找60、70年代嬉皮士常去的地方，比如印度西部海岸，地中海地区以及南美阳光普照的海滩。随着这些度假胜地变得越来越大众化，吸引了越来越多的年轻人，富有异域特色的泳装也开始引起人们的注意。20世纪70年代由三角形文胸和低腰时髦短裙组成的比基尼，在90年代再次流行，并结合不同地域的装饰风格、传统的手工串珠和刺绣等装饰元素，如图5-31所示。

图5-30 泳装广告

图5-31 嬉皮士风格

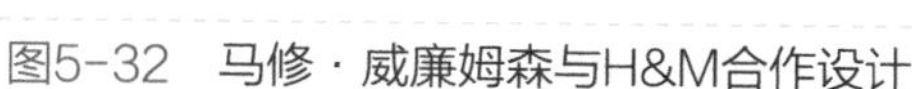

图5-32 马修·威廉姆森与H&M合作设计

波西米亚风格的流行，是20世纪90年代民族风流行里特别出彩的一个风格。此风格极具异域色彩，又绚丽多彩，非常符合当时人们的审美追求。设计师马修·威廉姆森（Matthew Williams）将带有印度元素的嬉皮风格与波西米亚风格相融合，推出了一系列新的设计。他将绣有异国花朵的飘逸雪纺长衫与带有长吊带的粉色亮片短裤搭配在一起，还有一件超短的亮片抹胸与绣花纱笼裙搭配在一起。如图5-32所示，2009年他与H&M合作的作品体现这种风格，并一直影响着他此后的设计。

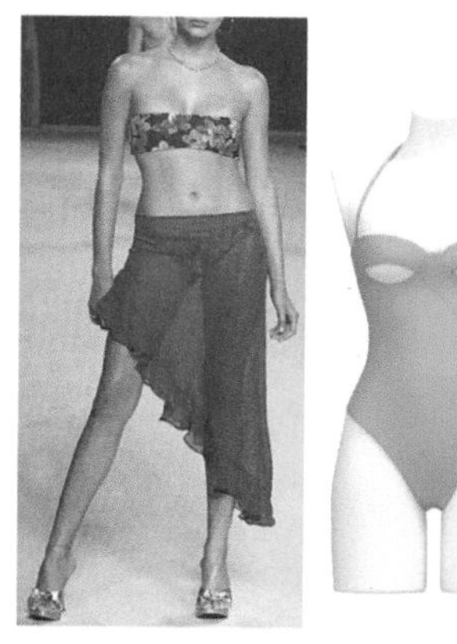

图5-33 Rosa Cha品牌泳装（2000年）

美国的重要度假胜地加利福尼亚有广阔的海滩，是人们度假的热门选择。这里的环境与巴西海滩有些相似，所以巴西泳装品牌非常受欢迎。这些泳装有着强烈的波西米亚风格，常用贴花、胸花、编织物、贝壳、玻璃珠和各种异国情调的宝石，如海蓝宝石，点缀着游泳衣和比基尼。具有代表性的巴西设计师品牌Rosa Cha，以其明亮的颜色、鲜艳的图案和引人注目的性感剪裁而闻名，如图5-33所示为他设计的花形印花图案的泳装。他每年推出两个系列，从比基尼到连衣裙和束腰上衣，再到手袋和凉鞋，产品非常丰富，深受巴西文化的影响并引起国际关注。他利用当地风格来丰富自己的设计，其中包括意想不到的织物的使用，如青蛙皮或鱼皮等大胆的设计。

在许多南美泳装设计中，幸运符和友谊丝带被贴在三角内裤的侧面或罩杯之间。巴西风格的流行，也促使编织比基尼的复兴，有人常使用传统的编织图案手工制作泳装。少女化的泳装造型，引入了多彩印花图案、褶饰和与之相配的三角裤，在年轻人的市场上大放异彩，见图5-34。

七、丁字裤泳装

20世纪70年代，在人们还未认识到过度的日照会使罹患皮肤癌的概率上升前，西方审美中晒黑是健康和美丽的重要标志。在70年代，没有什么比被阳光晒成古铜色的皮肤更能体现现代女性的性感。泳装市场上最具争议的外观之一，是敢于暴露身体的丁字裤“tanga”，作为比基尼的一部分，丁字裤于20世纪70年代初首次出现在里约热内卢的海滩上，很快就在年轻人中传播开来。小巧的细绳比基尼在搭配丁字裤的情况下，被简化成三个三角形和两根细绳，泳装的前面、后面和侧面裁片都被切掉，如图5-35所示，其简便、无束缚打动了许多年轻人，受到了他们的热宠。

图5-34 心形印花图案的泳装

图5-35 丁字裤泳装

八、竞技泳装

泳装时尚在过去几十年中不断发展，用于运动和竞技游泳的专业泳装也在快速发展，并促使了竞技体育装备的发展。用于竞技游泳的泳装，目标是使服装尽可能贴合身体，消除阻力，最大限度地协助赛手提高速度。在1976年的奥运会上，像美国品牌速比涛（Speedo）

和阿瑞娜（Arena）这些大公司为专业运动员设计的泳装，主要考虑其功能性，许多细节的设计都为此而服务，如为防止水进入女性游泳运动员的胸前，设计成高领泳衣，以减少水流的阻力。

许多泳装公司不断推出新的高科技面料，以帮助运动员提高自己的成绩。著名的泳装公司速比涛（Speedo），在20世纪90年代开发出世界首例专为竞速泳装设计的面料S2000，还有可以加速游泳速度的面料刀刃。进入21世纪，速比涛推出了新一代的竞速泳装，其独特的鲨鱼皮设计深受广大游泳运动员的喜爱。在2000年的悉尼奥运会上，穿着速比涛鲨鱼皮泳装的运动员拿下了83%的奖牌。此后，不断有更轻更高科技的新泳装系列推出，运动员们也因此创造出了新的纪录，如图5-36所示。

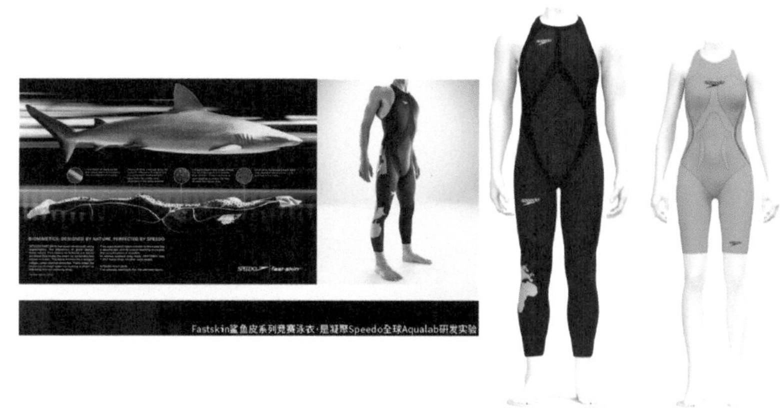

图5-36　模仿鲨鱼皮的速比涛竞技泳装

九、V形裤

20世纪80年代的泳装，裤脚被设计得越来越高，泳装裤子被设计成V形裤，以凸显女性的长腿。罩杯外侧的袖窿部位则越来越低，展露出更多身体和乳房的侧面，V形裤搭配无肩带比基尼的设计，是80年代的主流比基尼款式。图5-37左图为80年代中期Shankara品牌的希腊风格泳装，采用两种面料对比颜色进行拼接，随着裤脚升高，腰线也上升。图5-37右图是1980年经典的比基尼银色泳装，V形底裤更突出模特的长腿。

图5-37　Shankara品牌泳装

十、印花图案的应用

动物印花图案是20世纪80年代以来泳装常见的图案，常常搭配不对称的款式设计，使泳装呈现更活泼灵动的特性。

到了21世纪，由于印花面料能增添服装的华丽感，符合人们对于奢华效果的渴望，因此频繁出现在泳装款式设计中。两个以印花而闻名的意大利时装公司Emilio Pucci和罗伯特·卡沃利（Roberto Cavalli），推出了“从头到脚”一体化的时尚搭配泳装。比基尼和时髦丁字泳裤或者连体套装都会搭配同系列的披肩、拖鞋。Emilio Pucci在20世纪60~70年代设计的漩涡纹印花被重新描绘在丝绸运动衫或精致的缎面上；而Roberto Cavalli则以其动物皮和浪漫花卉、波普艺术图案、蛇皮和漆皮的摇滚风格组合而闻名，如图5-38所示。针织大王米索尼（Missoni）重新设计了许多华丽的传统印花，如图5-39所示。

图5-38 动物纹样印花泳装（2022年）

图5-39 米索尼泳装（2003年）

十一、素色面料的撞色运用

染色工艺的发展，使泳装面料拥有更丰富的色彩与印花，设计师除了应用丰富的印花装饰泳装，还可用素色的面料进行撞色的拼接，使20世纪80年代的泳装色彩更加丰富。图5-40左图为80年代的泳装，领边有紫色的荷叶边，袖窿和背部加深，因此可以在侧视图中看到乳房的曲线，裤脚很高，此款泳装具有80年代流行的典型版型。图5-40右图为1980年的比基尼，高裤脚的裁剪拉长了腿型。

十二、潜水衣风格泳装

冲浪文化引发了人们对氯丁橡胶泳装的追捧。氯丁橡胶是一种用于潜水服的面料，设计师们使用尼龙和莱卡混纺，再加上PVC和氯丁橡胶制成泳装，这种泳装在白天能达到非常闪亮的效果。1987年，加利福尼亚州的设计师罗宾·佩尼（Robin Piccone）设计的黄色泳装，将潜水衣风格很好地融入设计中，采用潜水衣的分割线及前中的拉链设计作为设计点与黄色面料形成鲜明的对比，如图5-41所示。

冲浪文化不仅影响美国的泳装设计，也影响了在地球另一端澳大利亚泳装品牌的产品发展。20世纪80年代，被称为“泳装之王”的布莱恩·罗克福德（Brian Rochford）主宰着澳大利亚的泳装市场，在澳大利亚的海岸线周围，有着冲浪风格设计的热带印花和鲜艳色彩成为最流行的时尚元素。

图5-40 拼色设计的泳装及比基尼款

图5-41 潜水衣风格泳装（1987年）

十三、奢侈炫耀的泳装

20世纪80年代下半叶，随着更多设计师品牌的崛起，人们对于时尚有了新的认知与追求，无论是高级定制品牌还是普通大众品牌纷纷推出自己的泳装设计，人们可以根据自己的需求购买不同价位和风格的泳装。此时的泳装风尚开始逐渐回归到40、50年代强调女性曲线的造型，像迪奥（Dior）、阿玛尼（Armani）、夏奈尔（Chanel）、范思哲（Versace）、莫斯奇诺（Moschino）等知名设计师的高端泳装成为了人们喜爱的选择。一些泳池边或海边举行的奢华聚会上，华丽而独特的泳装往往成为人们的焦点，彰显出穿着者的独特魅力。泳装不仅是时尚的实用品，同时也变成了一种流行与阶层的象征符号。

20世纪末，泳装开始注重装饰华丽的珠宝，如采用金币、珍珠链和五颜六色的宝石等。特别是在设计师品牌服装上，越来越多地使用炫耀性设计成为设计师的一个标志，例如古奇（GUCCI）以创造最小、最贵的三角形比基尼而闻名，配以皮质的细肩带；夏奈尔（Chanel）和杜嘉班纳（Dolce Gabbana）等设计师用水钻、天鹅绒、人造皮革和仿毛皮材料来表现奢华的造型，更适合在泳池边摆造型。图5-42所示是1995年夏奈尔（Chanel）推出的带有亮片的红色比基尼，搭配一条钻石腰带系在腰间，尽显奢华。

十四、邮轮风格泳装

到了20世纪末，越来越多富有的北欧人和美国人在冬季到热带的异国去享受阳光与海滩，高端的泳装成为了一项全年可做的生意。为了满足新的需求，欧洲的品牌设计师开始推出度假或邮轮系列产品，在世界各地的度假胜地及高档百货公司中出售。如图5-43所示的复古航海邮轮风格泳装。泳装的款式比较经典，色彩更偏向中性风格。图5-44所示为1997年爱马仕（Hermes）的三色泳装，作品体现了对邮轮风格的表现，简单的金色环扣将三种颜色的面料连接在一起，独特的裁剪方式打破了简单的一片式泳装的单调，使泳装既大方又特别。

图5-42 Chanel奢华比基尼

图5-43 复古的航海邮轮风格泳装

图5-44 爱马仕泳装（1997年）

十五、新澳大利亚风格

图5-45 澳大利亚品牌泳装

澳大利亚悉尼和墨尔本的地理位置，在一年中大部分时间都非常适合穿泳装，澳大利亚女性穿泳装和购买泳装的频率远远高于欧洲人。时装设计师一直将泳装纳入他们的产品开发线，借鉴了从20世纪40年代到70年代不同的风格元素，采用孔雀羽毛等引人注目的印花图案来呈现一种标志性外观，为澳大利亚女性开发各种各样的适合海滩生活方式的新颖、时尚泳装。兹默曼（Zimmermann）泳装由姐妹Nicky和Simone Zimmermann于1991年创立并经营，品牌将泳装与度假服装相结合，使用原始印花，通常采用意想不到的颜色组合，创造出一种时尚女性的外观，如图5-45所示。

十六、具有防晒功能的长袖、长裤泳装

在我国市场中，由于文化的差异，导致人们对肤色的追求与欧洲人相反，白皙透亮是国人普遍喜爱的肤色，为了能达到更好的防晒效果，近年来，长袖和长裤泳装悄然流行。图5-46所示为范德安品牌的长袖长裤泳装。

图5-46 范德安品牌的长袖长裤泳装（2022年）

十七、中国风泳装

21世纪的今天，随着我国经济的崛起和世界对我国文化的关注，具有中国风元素的泳装也在市场中出现。它常带有强烈的传统文化元素或图案色彩，风格独树一帜，如图5-47所示为旗袍领结构的中国风泳装。

图5-47 中国风泳装（2023年）

十八、带有衍生产品的度假风泳装

随着泳装与时尚的关系越来越紧密，人们度假的热情越来越高涨，与泳装搭配的披巾、裙子、阔腿裤、围裙等泳装的衍生产品，时尚且带有民族风情的图案，与泳装相搭配，体现了休闲的度假风潮。如图5-48所示为2022年阿瓜·本迪塔（Agua bendita）品牌设计的带有热带植物花纹和非洲装饰风格的泳装及配套服饰，方便人们出行海边、泳池、温泉等度假活动场合。

图5-48 Agua bendita品牌泳装衍生产品（2022年）

十九、男士泳装

相较于女士泳装的丰富多姿，男士泳装变化相对比较小，款式从20世纪初的连身衣发展到现代的短裤。20世纪初，采用海军风格的连体裤款式，当时的游泳运动没有竞技性，这种条纹的羊毛针织连体裤能满足基本运动的需求，如图5-49所示。20年代开始，出现“假两件”男士连体泳衣，加长的上衣摆遮住臀部，避免露出尴尬的部位，如图5-50所示。到了30年代中期，男性开始坦露胸膛，穿着贴体的短裤出现在海滩上。如图5-51所示为20世纪50年代男士泳装款式。男士的泳装款式基本定型，随着时代的流行变化，会流行不同的色彩与印花图案。

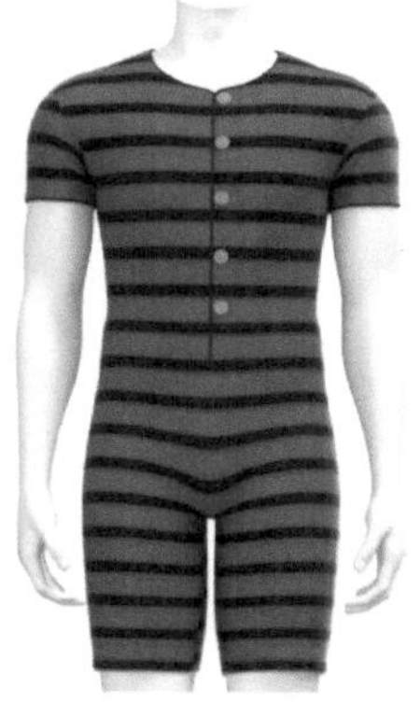

图5-49　20世纪初男士连体泳装

图5-50　20世纪20年代詹森公司的泳装

图5-51　20世纪50年代男士泳装款式

当今男士的泳装款式相对比较固定，一般可分为沙滩泳裤款、四角泳裤款、平角泳裤款和三角泳裤款。如图5-52所示的现代男士泳装常见款式。

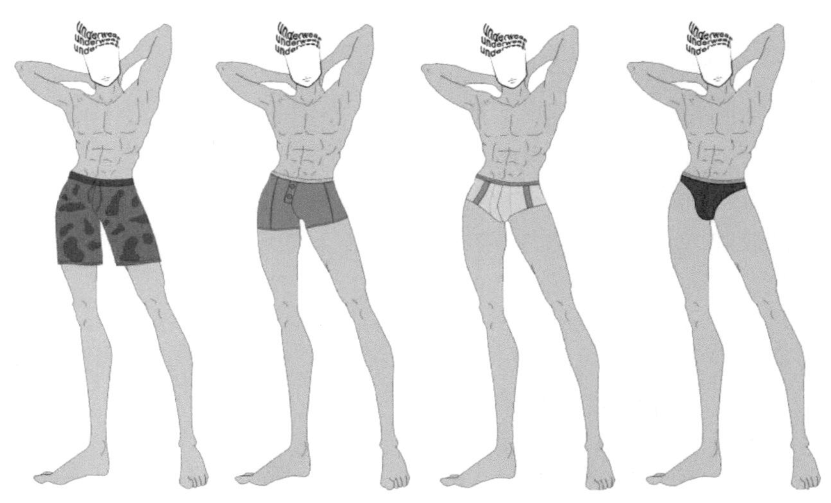

图5-52　现代男士泳装常见款式

第六章

肚兜的发展

我国服饰文化源远流长，是构成中华文明的重要组成部分。我国古代的服饰，不仅仅能满足人们保暖护体等生理方面的需求，还被赋予了更多精神层面的要求，成为等级制度及礼仪典范的载体，体现了我国服饰独特的文化内涵。我国服饰史研究中，相较于“外衣”大量的叙述与分析，“内衣”鲜有关注。一方面因为年代久远，实物欠缺；另一方面与我国传统观念相关联。传统文化中将内衣称为“亵衣”。“亵”字含有着轻漫、隐私的意思。内衣是贴身衣物，属于隐私，难登大雅之堂。对比西方的内衣史，我国从上古时期起到明代，遗留下来的文物与文献图像等资料，都没有清晰地展现各个时期内衣的具体形制以及样式。直到清代，人们从遗留下来的大量实物以及文献记叙中，才对内衣的发展有了更深入的了解。清代的内衣以“肚兜”为代表。肚兜也称为抹胸，因多遮前胸与腹部，极少遮后背而得名。其形式之多样，工艺之精湛，内涵之丰富，成为我国古代内衣之典范，也成为当今中式内衣设计风格的灵感源泉。

第 一 节

肚兜溯源

我国的内衣，在不同的时期有不同的称谓，如袙服、汗衣、鄙袒、羞袒、心衣、抱腹、袹腹、腰彩、宝袜、诃子、抹胸、抹腹、抹肚、襕裙、肚兜、小马甲等。这些内衣与肚兜在形制上有某些相同的地方，为肚兜的出现与不断发展打下了良好的基础。

关于肚兜的起源有几种说法：第一，相传远古的天地初创，女娲在造人时，用贴身小衣肚兜来遮挡人体私密的部位。第二，相传起源于汉代，独身女子为了防止被粗暴的男子欺负用布裹缠胸部，并用带子系在背后，这种服装也称为“缚胸”。第三，相传唐代杨贵妃为了掩饰她同安禄山在华清池厮混的痕迹，用“诃子”掩盖“胸乳间”。这三种说法为肚兜的出现添加了传奇色彩，但并不能作为肚兜出现的佐证。目前研究者并未确定其出现的确切时间，但更多地认为它是历史不断发展与变化的产物。

一、雏形

据黄强的《中国内衣史》，先秦时，并无真正意义上的内衣，服饰以遮体为主。到秦汉时，受到儒家学说的影响，内衣除要满足吸汗、保暖等生理需求外，还有遮羞、蔽袒露的要求。如东汉刘熙的《释名 · 释衣服》中记载“汗衣，近身受汗垢之衣也”，“或曰羞袒，作之用六尺，裁足覆胸背，言羞鄙于袒而衣此耳”。说明内衣具备贴身吸汗之功能。而秦朝的“膺心衣”和汉代的“心衣”相类似，形制比较简单。《释名 · 释衣服》：“心衣，抱腹而施钩肩，钩肩之间施一裆，以奄心也。”心衣在抱腹（上下缀有带子横裹在腹部的腹带）加上钩肩，钩肩之间有衣横裆可以掩心。清代王先谦将心衣比作后世肚兜（“奄，掩同。按此制盖即今俗之兜肚”）。汉代时还有齐裆。学者黄强认为，齐裆是汉代女子独特的内衣，“汉武帝时以四带束之，名曰袜肚，至汉灵帝赐宫人蹙金丝合胜袜肚，亦曰齐裆”。可将其看为后世抹胸的前身。文献记述为我们一窥古人内衣形制与穿着方式提供了材料，但却缺少实物与图像作为印证，只能认为是我国内衣发展的雏形阶段。

魏晋南北朝时期，社会动荡不安，民族迁徙频繁，各族相互融合。此时的服饰在服装史专家的眼中是浪漫、洒脱，追求宽博的“魏晋风度”。南京西善桥出土的东晋竹林七贤砖画，展现了当时文人士大夫褒衣博带，放浪不羁，如图6-1所示。正是这样的穿衣习惯，我们得以在《北齐校书图》中看到，当时人们内里着“裲裆”“心衣”，如图6-2所示。心衣就是在“袙腹”的基础上，以布遮前胸腹，上缀绑带绕到后背系好，与后世的肚兜相近。汉代已出现“裲裆”，《释名·释衣服》曰“其一当胸，其一当背，因译名之也”，类似后世背心。魏晋南北朝时期，人们不仅将“裲裆”当作内衣，还将其穿在外面，成为新的着装方式，如图6-3所示。

图6-1 《竹林七贤与荣启期》

图6-2 《北齐校书图》

图6-3 甘肃嘉峪关魏晋6号墓彩绘砖中右侧的人物穿着裲裆

二、发展

经过三百多年的战乱与纷争，隋唐时我国进入了大一统时代。唐朝更是开创了新的时代。稳定而富足的社会，频繁的中外交流，开放而包容的社会风气，使服装呈现出前所未有的多姿与绚丽。大量的壁画、塑像与唐诗为后人留下一窥当时服饰面貌的资料。从唐初开始，流行高腰曳地长裙；到唐中晚期，流行宽衣搭配袒胸阔裙。这种束在胸际间的裙，是唐代女性服饰的一大特色，可以算是我国最早的“抹胸裙”，其领口之低、胸部之袒露，隐约能看出胸部丰满之曲度。唐诗中“粉胸半掩疑晴雪”“绮罗纤缕见肌肤”描绘了轻纱掩映下的美丽肌肤。此时一种名叫“诃子”的内衣，为配合当时的风尚应运而生。“诃子”这种内衣形制在肩部无带系扎，高束在胸际，后背、肩部袒露。相传诃子是杨贵妃发明的。《唐宋遗史》载：“贵妃日与禄山嬉游，一日醉舞，无礼尤甚，引手抓伤妃胸乳间，妃泣曰‘吾私汝之过也。’虑帝见痕，以金为诃子遮之。后宫中皆效焉。”后来诃子这种内衣逐渐遍及民间。从《簪花仕女图》《宫乐图》以及许多壁画可见，可惜未能有实物作为佐证，如图6-4所示。潘健华教授在《云缕心衣》一书中认为，抹胸高腰裙的造型对日本“和服”以及朝鲜族“高丽裙”影响极大，共同的高腰线式造型，构成东方服饰美学特征的一种形象符号。

图6-4 穿着诃子的示意图（唐《簪花仕女图》和唐《宫乐图》局部）

图6-5 宋代穿抹胸的男女陶器

相较绚烂多彩的唐代服饰，宋代的服饰色彩不如以前那样鲜艳，趋于平和淡雅，简朴素洁，女性服饰从“肥、露、透”变为“窄、瘦、长、奇”。宋代的程朱理学强调封建的伦理纲常，提出“存天理、灭人欲”。在这种思想的支配下，人们的美学观念也相应变化。服饰应当崇尚简朴，不应奢华。宋代妇女的贴身内衣主要的是抹胸、裹肚。抹胸是一种胸间小衣，其可覆盖乳房和遮盖肚子。徐珂《清稗类钞·服饰类》载：“抹胸，胸间小衣也，一名袜腹，一名肚袜。以方尺之布为之，紧束前胸，以防风之内侵者。素谓之兜肚，男女皆有之。”如图6-5所示。

从南宋黄昇墓出土的抹胸实物看，宋代的抹胸由腹部的长方形和胸部的三角形构成，束带分别在颈后及腰两处系扎，以素绢为之，两层内衬中夹少量丝绵，长55cm，宽40cm，系带长34~36cm，如图6-6左图所示。南宋赵伯澐墓出土了男子用的素绢肚兜，通长43厘米，通高117厘米，缀4条带子绑系，如图6-7所示。从这两件出土实物看，男子的抹胸上方很窄，遮盖的前躯体的范围更小，似乎更着重遮盖腹部而非胸部。我们还可以从宋人绘制的《秋庭戏婴图》中看到孩童穿的抹胸，形制与赵伯澐墓出土实物相似，类似魏晋时期男子穿的"心衣"。有人常常将宋代的抹胸和裹腹视为同一物，但其实这是两种内衣。《格致镜原引胡侍墅谈》记载"建炎以来，临安府浙漕司所进成恭后御衣之物，有粉红抹胸，真红罗裹肚。"从形制上来说，裹腹要比抹胸长。南京高淳花山宋墓出土一件女子抹胸，与裹腹的形制相似，如图6-6右图所示。"抹胸"与"裹肚"目前发现的实物看未有过多的装饰，不似后世肚兜有多彩的装饰，但从形制上为清代"肚兜"的流行奠定了基础。

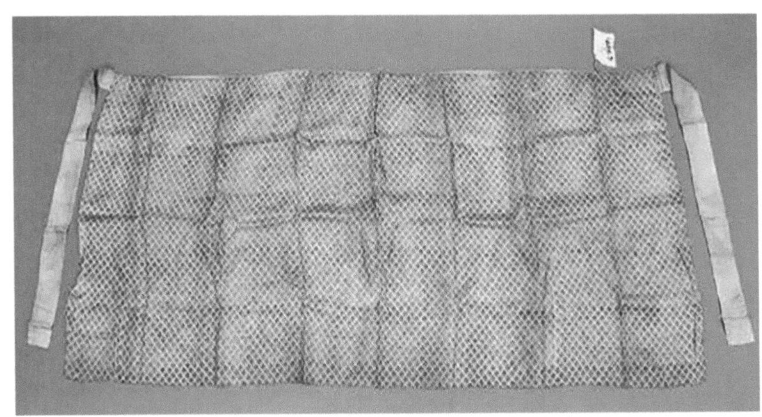

图6-6 黄昇墓出土的女子抹胸和南京高淳花山宋墓出土的女子抹胸（南宋）

图6-7 男子素绢抹胸（南宋）

图6-8 陈宗州《秋庭戏婴图》（宋）

从公元907年开始，北方少数民族政权辽、金、西夏、元先后掌控当时的中原主要地域，他们在生活习俗及衣冠服饰方面，影响了汉族人民，使这个时期的服饰展现出独特的异域色彩。辽代的女性“抹胸”简洁，采用“一横幅布帛，裹于胸部”，契丹女子胆大，将“抹胸”作为“女飐”（相扑）的比赛服装。元代女子的内衣，主要有主腰和裹肚。主腰，类似于现在的抹胸。这种抹胸在穿时由后向前，用纽扣缩结或用带子对排系扎。穿法虽类似西方19世纪时的塑身衣，但没有收腰的造型，不能显示女性的曲线美。元曲作家马致远的《寿阳曲·洞庭秋月》有云：“实心儿待，休做谎话儿猜。不信道为伊曾害。害时节有谁曾见来，瞒不过主腰胸带。”关汉卿元杂剧《拜月亭》中的唱词“把两付藤缠儿轻轻得按的褊秕，和我那压钏通三对，都绷在我那睡裹肚薄绵套里，我紧紧的着身系”里提到裹肚是女子贴身内衣，未描述具体的形状。目前也未有其他确定的实物或图像展现。华容元墓出土的一件牡丹花叶纹罗抹胸与其相似，长83cm，宽33cm，两边缀的长带子在穿时可以绕着身体系好，如图6-9所示，这与宋代的裹腹相类似。

图6-9　华容元墓出土的抹胸

明代是我国古代服饰文化集大成的历史阶段，从服装制度、服装款式到服装蕴含的意义都比前代有更大的发展。一方面明朝政府颁布了各种服饰规章制度以“辩贵贱，明等威”；另一方面，社会经济的繁荣发展使得服饰的僭越违禁和奢华之风盛行。明代妇女的内衣延续元代的形式，还用“抹胸”和“主腰”，只是其制有繁有简，简单的仅用方帛遮覆在胸前，而复杂的形制比较像背心，还有衣襟和纽扣，更复杂的还缝制装上衣袖，形制如同半臂。在《中国历代妇女妆饰》一书中，记载着泰州东郊明张盘龙墓出土的主腰实物，在领、乳、背三处有三组系带，如图6-10所示。在明代内府彩绘本《唐玄奘法师西天取经全图》插画中，妖怪就身着类似形制的内衣，如图6-11所示。还有另外一种形式的内衣是圆筒状的，紧裹胸部，与现代的抹胸相似，长度有的到胸下，有的到腰间，从明代后期一些仕女图的绘画中，可窥见女子在薄纱内穿着抹胸的风尚。如图6-12、图6-13所示。

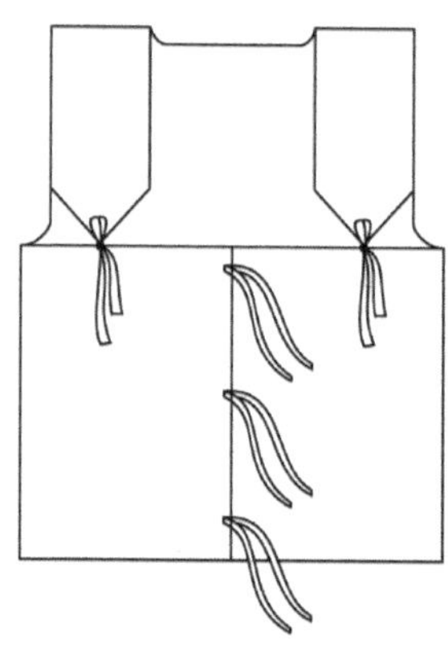

图6-10　泰州东郊明张盘龙墓出土的主腰实物及结构图（明）

图6-11　《唐玄奘法师西天取经全图》中穿主腰的妖怪（明）

图6-12　《仕女图》局部，穿抹胸的女子（明末清初）

图6-13　《仕女团扇图页》局部，穿抹胸的女子（清）

三、成熟定型

清代作为封建王朝的最后一个朝代，汉族女子服饰延续明代的服饰制度，同时也加入了满族的一些特色元素。内衣上的装饰性以及图案的寓意较以往更为丰富多彩。除了明代时流行的主腰外，清代流行另外一种形式的内衣——“肚兜”。这也是我国古代内衣具有代表性的款式。肚兜形状多为菱形，通常将菱形上角剪去，在上角处装一根带子套在脖子上，菱形布的左右两角各装一根带子，穿着时向后系扎即可，下面遮住肚脐，长至小腹呈倒三角状，如图6-14所示的清晚期肚兜。肚兜面料常用棉或者丝绸。作为固定系扎的带子有不同的材质，常见红色丝绢的带子为小家碧玉所用，富裕家的女子常用金链做带以显示其高贵，银链和铜链略次之，如图6-15所示。秋冬季穿着的肚兜，为了保暖，中间往往蓄有絮棉。有时在衣片上有兜袋，用作装饰和贮存东西之用。清曹庭栋《养生随笔》：“腹为五脏之总，故腹本喜暖，老人下元虚弱，更宜加意暖之，办兜肚，将蕲艾槌软铺匀，蒙以细棉，细针密行，勿令散乱成块，夜窝必需，居常也布可轻脱，又有以姜桂及麝香诸药装入，可治腹做冷痛。”可见清朝的肚兜不仅可以遮羞、保暖，还有卫生、保健的功能。并且清代的肚兜会绣饰各种有吉祥寓意的纹饰，更具文化价值，它的出现体现了内衣文化所蕴藏的丰富内涵。

图6-14 五彩绣花卉人物菱形红绸肚兜和背心式五彩绣花米色缎胸衣（清晚期）

民国初期，受到传统观念的影响，女子的内衣还沿袭清代的传统形式，肚兜与抹胸依然是主流样式，如图6-16所示的民国五彩绣亭台楼阁菱形明蓝缎地肚兜（左图）和图文结合的好鸟枝头复合式红绸地内衣（中图）。传统封建的审美，崇尚掩盖女子的身材曲线，甚至会用布将乳房束腹起来，以避免突出女性的特征，此时流传下来的许多实物与图片可以很好地体现这一时期肚兜的面貌。随着新的社会思潮的影响，女性开

图6-15 清代肚兜的银链

始慢慢地接受西式内衣的审美与样式，出现了新与旧的结合。如在肚兜上出现英文或者民主口号等绣花纹样，还出现了较合体的小马甲，为新式内衣的流行奠定了基础，如图6-17所示。

图6-16 民国时期的肚兜及着肚兜的陶瓷人

图6-17 以文字或英文为装饰的肚兜（民国）

四、式微

随着西方的生活方式与审美在清代末年进入我国，传统的穿衣方式受到了冲击。从民国初年开始，越来越多的人接受和穿着西方的服饰，如图6-18所示的1927年《北洋画报》中“我国小衫沿革图”一文介绍当时女性束胸内衣及20世纪30年代香烟广告牌上穿西式内衣的新潮女性。这种俗称“小马甲”的内衣，突出了女性胸部曲线的特征。20世纪30年开始，随着女性自我意识的增强，使得她们敢于展现自己的身材，不再满足于穿戴宽松的服饰。

现在，少数民族地区的传统服装和幼儿的服装中还保留有肚兜这一服装样式，如图6-19所示的广西三江侗族、苗族女子身着这种肚兜传统服饰，而在彝族的传统服饰中，则将肚兜变为了外穿的装饰服装。

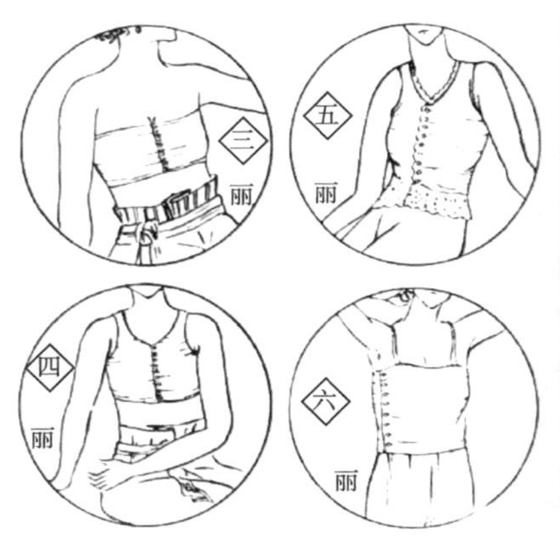

图6-18 民国时期的女性束胸内衣

图6-19 广西三江侗族、苗族和彝族传统服饰中的肚兜

第 二 节

肚兜的特征及文化寓意

我国古代内衣的裁制方法与外衣服饰一样，均为平面结构裁制，仅用衣长和胸围即可估算结构关系及耗料。裁剪、缝纫、装饰、整理等工序都由手工完成，力求圆润、挺直、平顺，以巧为止，以妙取胜，讲究规范细腻。一件精致的内衣，必须经过精巧的裁剪，精美的刺绣，再加上镶、盘等诸种装饰工艺才能完成，其中丰富的纹饰与色彩，寓意着制作者丰富的情感诉求。

一、形式结构

我国古代，衣服制作强调符合规范化的程式，需呼应我国传统的“天圆地方”和“天人合一”的理念。外衣的前后衣片下摆讲究“前圆后方”，圆弧的前衽“应天”，正方平整的后衽“应地”。作为内衣的肚兜，一般只有前衣片而无后衣片，加之穿着在内，因此下摆没有严格按照“前圆后方”的形制。常见在肚兜胸口的位置安排倒置的如意形、蝴蝶形，分别隐喻“如意到”及“彩到”（蝴蝶为彩蝶）的吉祥含义，如同今日的“福”到。清末民初，肚兜形态大多是菱形的结构模式，并在角隅处缀饰。肚兜的形式结构主要分为单片式、复合式以及象形式。

（一）单片式

单片式是指以一个几何形态作为式样的基本单元来构成款式，通常结构仅为一片简约的几何形来遮掩胸腹，后背袒露，是肚兜最常见的形式结构。在各种形态的单片式内衣中，尺寸的差异极大。以菱形为例。最大的有70~80cm，最小的仅25cm；长方形最长的有75cm，最短的仅20cm，如图6-20所示清末民初的紫色绣花动物纹菱形单片式肚兜。

图6-20 菱形单片式肚兜（清末民初）

（二）复合式

复合式是指以两个以上相同或不同的几何形组合成一个复合化的形态造型。复合式造型有“前后相连”与“平面叠加”两种形式。“前后相连”指一片遮掩前胸，一片覆盖后背。如图6-21左图所示的背心式绣花虎纹肚兜，前后片的连接处有：肩头缝合与胸侧缝合两种方式。妇女以肩部缝合为主，儿童以胸侧缝合为主。“平面叠加”指在仅覆前胸的衣片上有两个以上不同的几何形组合而成，形成丰富的造型样式。如图6-21右图所示为扇形和矩形组合而成的人物绣花肚兜。

图6-21 复合式肚兜

图6-22 虎符形肚兜

图6-23 元宝形肚兜

（三）象形式

象形式是仿照某种动植物的实际形状，通过抽象提取其特征，然后用图腾寄寓的方法来祈福消灾的仿生构成法。常见的形式有：虎符衣、元宝兜、如意兜、蝙蝠衣、水田衣等。虎符衣是将虎的形状平面展开来安排设计，如图6-22所示，将虎的四肢分布于前后肩部两侧，头部作为下摆的中心，以此表现虎镇邪驱毒消灾的神威，常用于儿童肚兜。元宝形肚兜底部为元宝造型，寄寓前程与财富都源源不断，也常见于儿童肚兜，如图6-23所示。如意形肚兜以如意形作为基础轮廓，常用单个“如意”或“多个”如意组合，表达对吉祥如意的祈求，如图6-24所示。蝙蝠衣的外部轮廓如同蝙蝠的形态，通过“蝙”与“蝠”的谐音来祈求“福到身心”，如图6-25所示。水田衣也称百衲衣，是用不同色彩的小块面料拼合而成，如同块块稻田般而得名，如图6-26所示。虽名为水田衣，并不是追求做成“水田”造型，也不仅是为了表现色彩的多样性与美感，而是在制作时会向亲朋邻里中的长者讨要零碎布衲缝拼合。“衲”通“纳”，“衲”不仅是用长者的零碎布片做服饰，更是“衲”长者的阳寿，在内衣上为小辈们生生不息的祈祷，希望能将长者的长寿通过这零碎的布片带给新的一代，其寄寓长辈们对子女一种美好的祝福与期盼，体现了古人的一种浪漫而富于幻想的创意理念。除了以上形状，肚兜还有花瓣形、葫芦形、瓶型、倒花蕾形、如意云形、梨形、碗形等制式，人们通过这些象形的结构，将实物所体现的美好寓意赋予服装，以起到祈福消灾，颂扬价值观的作用。

图6-24 如意形肚兜

图6-25 蝙蝠衣肚兜

图6-26 水田拼布肚兜

二、色彩特征

（一）五色与等级

色彩是构成服装的一个重要部分。在我国传统文化中，服饰色彩通常被分为正色和间色，黑、白、青、红、黄为正色，其他颜色则为间色，且每种色彩背后都蕴含着丰富的寓意。我国民间将五行哲学与五种正色结合成五行色彩体系，在阴阳五行学说中：黑为水，代表北方和冬季，在五德中象征“恭”，常为底色，以衬托其他的色彩和造型；白为金，代表西方和秋天，在五德中对应“聪”，常为底色，将五彩的装饰衬托得传神，比黑色为底更素雅、轻松；青为木，象征春天和东方，在五德中对应“明”，象征自然和新生，营造出如沐春风的氛围；红为火，象征夏日和南方，对应五德中的“火”，是我国自古推崇的颜色，象征吉祥与幸福，常常用作底色；黄为土，对应长夏和中央，在五德中对应“睿”，在我国传统色彩中象征着高贵和权势，是古代皇族的专用色彩。

深浅不一的金黄色给人一种威严的感觉，淡雅清新的浅黄色给人一种温暖的感觉，还有绿、紫、流黄、粉红、棕、褐、湖蓝、翠绿等色彩都是我国民间女子内衣中常用的颜色。年龄不同、地域不同、题材不同、纹样不同，配色也大不相同。金银色常起画龙点睛的作用，起初金银色只用于外衣显示品第的高贵，后来被人巧妙地用在肚兜中，点缀装饰，勾勒图形的边缘，产生凹凸的立体效果，强化色彩的调和作用，显示光泽富丽优雅。尽管内衣较为私密，内服色彩受我国传统服色的制约较少，但色彩上仍隐约可见“色有别”，与外衣的等级品第排序一致：明黄—金银—紫—红—褐—绿—青—黑白灰。

（二）祈福传情

我国古代，内衣有借助色彩来抒发心中情感的功能，表现为追求吉祥如意等诉求。内衣中的用色习惯跟我国古代传统色彩观念是相通的，各个色彩都包含着不同的象征与寄寓，并带给人以不同的联想：比如，红色象征着吉庆、婚嫁、消灾、火热，故婚庆喜嫁运用大红大金，本命年用大红肚兜以消灾；黄是富贵的象征；绿色和蓝色被认为是自然清丽、质朴含蓄的颜色；黑色预示着深沉和神秘、稳定和力量。所以褐色、深蓝、黑多为中老年妇女常用，而粉红色、淡蓝色、淡绿色多为少女常用。这些不同的色彩与图案相配设置，传达的不仅是美妙的视觉感，也传递着服用者丰富的心灵寄托，如图6-27右图所示的麒麟送子纹样寄托人们对繁衍生息的祈望。

（三）顺应地域

我国古代内衣的色彩择用取向具有民俗文化的个性及鲜明的地域性。如贵州地区的凝重（黑、深蓝、暗红）、江南地区的鲜明（翠绿、明蓝、粉红、大红）、甘肃地区的单纯（白色）……每个区域色彩鲜明而富有个性，与他们所处地域的文化风格和审美趋势一致。如图6-28所示为广西三江侗族地区的肚兜，图6-29所示为甘肃地区的肚兜。

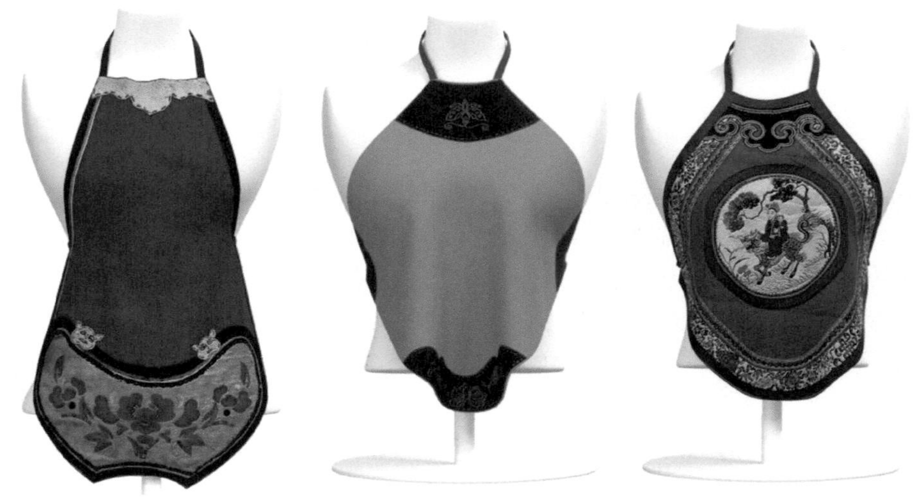

图6-27 不同颜色与图案搭配的肚兜

图6-28 广西三江侗族传统服饰的肚兜

图6-29 甘肃地区的肚兜

三、纹饰特征

（一）布局

受我国古代内衣尺寸大小的限制，图案纹样要考虑形态、大小在内衣上的布局。古代女性在内衣艺术的创造过程中，经过漫长岁月的传承和创新，具有一套合理的程式，概括起来主要有：居中式、满地式、镶缘式、角隅式、对称式。内衣纹饰作为修饰成分，必须考虑纹饰面积、形态、大小、强弱、浓淡在内衣上的不同视觉效应。

1. 居中式

放置于心胸的中心部位，如一个单独人物、花卉、动物等具有主题性的单独纹样。其布局形式类似我国古代朝服的“补子”，因为“补子”是品第官职的象征，借用这一形式展现在内衣上，是对美好前程的展望与期盼，如图6-30所示。

2. 满地式

是指图形纹样在整个内衣面积上大铺大展，底纹几乎被图形完全遮住。满地式构图的图形饱满，气势庞大，给人一种很强的视觉冲击力，如图6-31所示。

3. 镶缘式

构图重在突出、加强内衣边缘的轮廓，比如下摆和领檐。常以二方循环的纹样进行装饰，如图6-32所示。

4. 角隅式

纹样的布局安排与国画中的“三角式”构图非常相似，有紧凑、有稀疏、有留白的地方，营造想象空间、以少胜多，无声胜有声的效果。通常把纹饰放在整个肚兜的一个角上，最常见的是置于肚兜的最下角，大量留白的艺术效果能够极佳地呈现出韵律和节奏的形式美法则，如图6-33所示。

5. 对称式

这种布局安排在内衣上最为常见，有完全对称式与不完全对称式。完全对称式指纹样形象、大小、色彩、手法一致。不完全对称式是指形象、大小、色彩、手法上有小局部的变化，体现着现代形式美原理中“大和小对比”的美学法则，如图6-34所示。

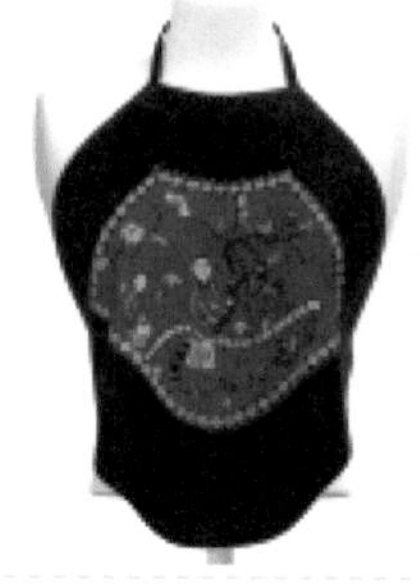

图6-30 居中式

图6-31 满地式

图6-32 镶缘式

图6-33 角隅式

图6-34 对称式

（二）题材与寓意

我国古代肚兜纹饰在形、神的表现上，既注重对自然景态外在美的描摹，又强调物象寓意寄托及意蕴表述，通过图案表现人们追求福、禄、寿、喜的愿望。从纹饰的题材可以划分为八大类别：祈祥类、婚恋类、生命繁衍类、求寿类、求官类、求富贵类、辟邪类以及戏曲故事类。

1. 祈祥类纹饰

常常带有祈祷福气降临等的吉祥寓意。常见的纹样有如“喜上眉梢”“金玉满堂”“富贵平安”等。“喜上眉梢”就是通过喜鹊借喻喜，梅花枝头即“梅梢”，音同“眉梢”来寓意吉祥喜庆的到来，如图6-35所示。鸡和牡丹结合表示“功名富贵”，如图6-36所示。

图6-35 “喜上眉梢”图案的肚兜

图6-36 鸡与牡丹结合表示“功名富贵”

2. 婚恋类纹饰

多以爱情和婚恋作为主题，寄寓人们对甜蜜爱情的向往和对美好生活的渴望。年轻女人除自用外，还常将刺绣精美的肚兜作为传情的信物赠予情人或丈夫。常见的图案有“牛郎织女”“鸳鸯戏水”“鱼戏莲花”“蝶恋花”等，如图6-37所示。

图6-37 “蝶恋花”图案主题的肚兜

3. 生命繁衍类纹饰

生命繁衍类纹饰表达人们希望多子多福，繁衍后代的美好愿望。常见的图案有“瓜瓞绵绵”“连生贵子”“石榴花开”“麒麟送子”等，如图6-38所示。

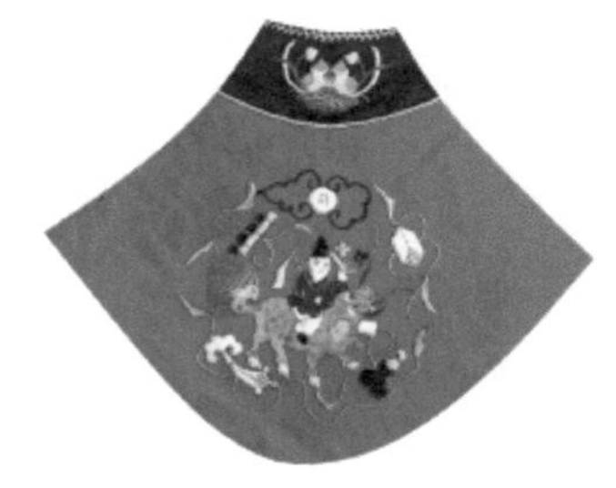

图6-38 “麒麟送子”图案的肚兜

4. 求寿类纹饰

求寿类纹饰蕴含了健康吉祥、多福多寿、福寿双全的美好寓意。常见的图案有“长寿如意”“福寿双全”或多种花果的组合，如牡丹之“富贵”、佛手之

"多福"、仙桃之"多寿"，如图6-39所示。

图6-39 "福禄寿"图案和"佛手与仙桃"图案的肚兜

5. 求官类纹饰

求官类纹饰表达了人们对金榜题名、前程似锦的美好愿望。常见的纹饰有"功名如意""一路连科""魁星点斗"等，如图6-40所示。

图6-40 "一路连科"图案和"指日高升"图案的肚兜

6. 求富贵类纹饰

求富贵类纹饰多与金钱、财富有关，表达了人们对生活繁荣幸福的美好希冀。常见的图案有"举家富贵""平安富贵""富贵吉祥"等，如图6-41所示。

7. 辟邪类纹饰

辟邪类纹饰传达了人们驱恶辟邪，祈求生活平安幸福的美好愿望。常见的图案有"五毒图""暗八仙图""八宝图"等，如图6-42所示。

8. 戏曲故事类纹饰

戏曲故事类纹饰以我国传统戏曲故事作为依据，截取其中的片段加以描绘，以体现戏曲中的深刻寓意，起到潜移默化的教化作用。如"牛郎织女""梁祝"等象征对追求爱情的故事，"卧冰求鲤""刘海戏金蟾"等有教化意义的故事，如图6-43所示。

图6-41 “平安富贵”图案的肚兜

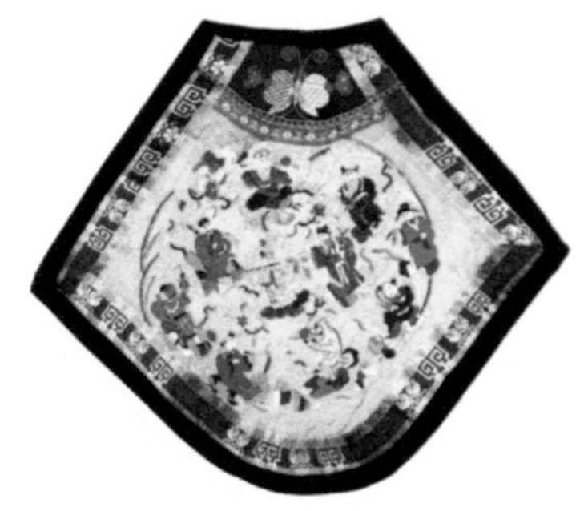

图6-42 “八仙图”图案的肚兜

图6-43 牛郎织女”图案的肚兜

（三）表现方式

纹饰图案利用谐音、借喻、字符、寓意等手法来表现人们对祈福纳祥、祛邪避害的期盼。通过对实物的变形、重组将抽象的寓意和概念变得形象而生动。

1. 谐音

谐音是将一个抽象的名词，通过置换同音或近音的汉字来达到物化的目的。如“功名富贵”，以公鸡的“公”通“功”，鸡鸣的“鸣”通“名”，并以牡丹图形共同构成对功名仕途的财富祈求。此外，“喜（喜鹊）上眉（梅花）梢”“连（莲花）年有余（鱼）”“莲”“藕”“丝”（“怜”“偶”“思”）等都是典型的谐音法在肚兜纹样上的体现，如图6-44所示是民国时期山西地区“连生贵子”图案的肚兜，其中莲花的“莲”与“连”谐音，寓意连生贵子。

2. 借喻

借喻是借助于有喻义性的事物。例如“好鸟枝头”的动、植物比喻为女性对婚嫁追求的价值意念；牡丹与桃组合比喻为“富贵长寿”。由于肚兜的装饰面积小，所以图案不宜繁复，肚兜上常见的“八宝”（传说中八仙随身所执用物的总称）图案丰富而形象地体现了图腾的装饰意境。常见的鸳鸯图案寓意夫妻关系和谐，如图6-45所示。

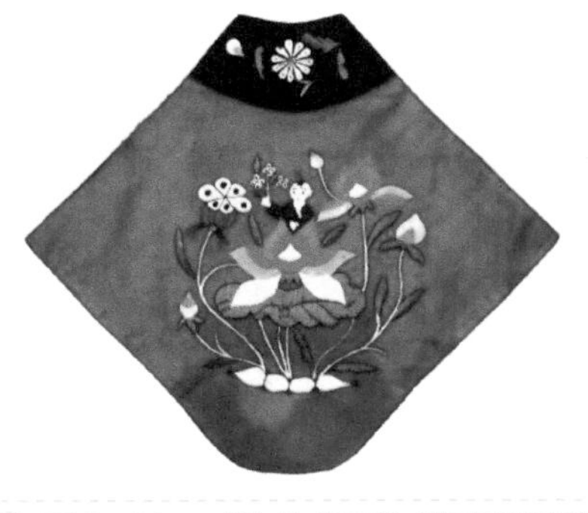
图6-44 “连生贵子”图案的肚兜

图6-45 “好鸟枝头”图案的肚兜

3. 借字

借字是以一个或几个汉字构成某一个单独纹样，传达人生价值意念。如在胸际用“寿”“福”“心如松贞”“四季如春”“洁身如玉”等；以“日”“月”配以其他图像纹样来构成浪漫的理想寄寓；“月”因其“母性”（女娲）“女神”（嫦娥）的寓意而常作为女性的象征与和谐的化身，用“月”的形象与文字图像可对应女性的洁净、朦胧，赋予肚兜超脱、高尚的意境，如图6-46所示。

4. 寓意

清代肚兜上常借用龙、凤图腾来期盼荣华富贵。凤纹在内衣纹饰中被寄寓为祥瑞之禽，用来表现女性，结构上以“团凤”为主，在“团凤”的四周配以云彩或花草作装饰，象征女性的美貌温柔；在每年端午节之前，儿童的肚兜上常用虎的形象来充当驱除夏令百害之虫的神灵符号，故也有“虎符衣”之说；还有用变形的老虎形象在四周绕以“五毒”（蜈蚣、蝎子、蟾蜍、壁虎、蛇）表现虎驱五毒、辟邪镇守之意；还有桃、菊、梅、松、兰等植物形象用于装饰边缘或作为主体图腾的陪衬，如图6-47所示。

图6-46 “寿”字图案的肚兜

图6-47 凤图案的肚兜

四、技艺与材质特征

古代女子会将女红技艺作为必备的技艺之一。肚兜的制作既展现了女子的心灵手巧，也寄托与表达着她们心中的理想。千百年来女子们充分发挥自己的聪明才智，用各种装饰手法与材料丰富着肚兜的样式与图样。

（一）装饰技艺精湛

肚兜装饰方式有绣、镶、贴、补、嵌等技法。胸部吊带与胸衣片相接缝处常缀以盘花扣，使接口处显得奇巧。肚兜的手工针法不皱、不松、不紧、不裂，布面外观平、顺、薄、软。

1. 绣

绣是指采用彩色丝、棉、绒线等在绸、棉布等不同的肚兜衣片上，借助于手针的运行穿刺来构成花纹或文字图案，使肚兜更为精细、多彩、富丽，如图6-48所示，采用十字针与平针相结合将花卉、鸟、鱼、虫抽象表现在肚兜上。刺绣时要安排好不同的层次，讲究局部缀饰与色彩搭配。肚兜的刺绣，针法上主要有平针法、缠绕针法、钉针法、编针法四大类。刺绣技艺在肚兜艺术中，由于它的私密性、个体性等文化特质，在传承传统刺绣工艺的过程中，融合了各种新的手段与技巧，使传统刺绣工艺得以淋漓尽致地发挥。刺绣的图案成为肚兜最为精彩生动的地方，具有丰富的寓意与祈望。

2. 镶

镶是指把布条、花边、绣片等材质镶缝在内衣边缘。我国古代内衣一直传承着“以镶为美”的装饰工艺，镶的材料多种多样，布条、花边、绣片较为常见，如图6-49所示的元宝袋如意直身肚兜，就是用细边镶缝勾勒出元宝的形状。

3. 贴

贴又称“布贴”，在内衣表布贴上布条、花边、小块布料、小块金银布等，再经过“钉绣”缝缀而成，如图6-50所示为贴布绣与平针绣相结合装饰的肚兜。“贴”的巧妙之处在于，它能通过平面或半立体的装饰材料来弥补内衣面料上的单调，丰富装饰的效果，例如在布面上贴绸，绸面上贴绒等。

4. 补

补是指在内衣上将不同质地、不同色彩剪切的布块或图形，进行粘贴、堆积、拼接缝制，如图6-51所示。“补”有“补上不足”“锦上添花”的含义，例如图6-52所示的“水田衣”风格的肚兜，充分地显示了它的独特工艺魅力。儿童内衣上也常用此种手法来构造逼真可爱的虎头形象。

5. 盘扣

在内衣制作工艺中，盘扣主要用于连接前后衣片，在颈、胸之处起到点睛之效，有“盘长而延绵”的深层寄寓。肚兜上的盘扣由盘条按一定的图形设定缠绕而成，一般以花形扣为主，如图6-53和图6-54所示。

图6-48　刺绣工艺制作的装饰纹样

图6-49　镶缝工艺制作的装饰纹样

图6-50　布贴工艺制作的装饰纹样

图6-51　应用贴布与拼贴工艺制作的肚兜

图6-52　“水田衣”风格的肚兜

图6-53　花式盘扣的肚兜

图6-54　盘扣的细节图示

（二）材质丰富

1. 主料

主料是指制作内衣的面料，高端面料如丝、绢、绸、缎等，寻常材料如土布、麻、纱、蜡染布、竹等。局部装饰的选材更为精致，边缘以精细的花边绲饰，吊带用昂贵的珠粒串成，同时以不同质地的缀饰来丰富层次等，与制式、纹饰相辅相成。

丝绸是肚兜的首选材料，因其柔软、顺滑和高贵的品质，深受古代女性垂青，因此用于肚兜上以展现自身的美与内心世界。其次，绢与素缎在肚兜上运用最广。绢是平纹类素织物的统称，古人称之为“帛”，它的最大优点是能为绣花提供匹配的条件，平纹底上作绣效果比斜纹、缎纹面料好；素缎是一种不提花的缎织物，光泽效果极佳，一般小面积绣花时选用这种面料，清代特别流行。再次，从宋元之后，棉布被用来作为肚兜的主要面料，棉布又称“白叠”，尤其在闽南及西北地区广泛应用在服饰上，为五彩绣纹提供一个极佳的反衬。最后，还有各种花边运用于肚兜的边缘、领缘、衽缘等处作装饰之用，有单、双、多层的层次感。花边有手工、机织之分，其材料包括纱线和金丝，风格上有提花、平纹、齿牙、珠光等类别。

2.辅料

清代肚兜的辅料有内衬、细带、扣、线、填充物等。

内衬也称为“衬头”。外衣仅将内衬用于领、胸、袖口，而肚兜则全部由内衬相托，显得饱满、挺括。细带以丝、棉为主，一般选用同色材料，在领、腰处缝缀。扣有纽扣与盘扣两种，起到悬系及契合的作用。线有刺绣用线与缝制用线两种。刺绣用线又分丝和棉，有各种色彩。填充物方面，冬季一般用保暖的棉絮、丝绵。

肚兜的每一个细节都经过精心的设计，具有极高的审美价值与文化内涵。它很好地将美好的寓意与技艺结合在一起，充分体现中华民族独特的文化魅力，为现代的设计提供了丰厚的养分。

第三节 肚兜文化元素在当今服饰中的运用

我国的肚兜的形式和纹样有着独特的魅力，使之成为当代设计师无穷的灵感来源。无论是西方的设计师还是我国的设计师都以不同的方式对其进行新的解读与重组。

肚兜在古代时男子也会穿着，当代设计师周翔宇在他2016年服装秀场上也给男士穿上了精美的肚兜，如图6-55所示，将传统结构纹样结合现代的抽象与审美提取，呈现出了新的时代美感。

高定设计师郭培2019年的设计，将肚兜融入礼服中，赋予了礼服新的造型和面料的肌理表现，如图6-56所示。

国风“盖娅传说”品牌2022年的这套时装，将肚兜与裤子相连接，搭配宽博的外套，既有古典的韵味，又结合现代时尚连体裤的概念，如图6-57所示。

意大利著名奢侈品品牌Giorgio Armani在2022年的秋冬时装中也借鉴了肚兜的结构，融合手工的钉珠装饰，既华丽又古典，如图6-58所示。肚兜元素已成为一种典型的国风符号，受到国内外设计师的青睐。

图6-55 周翔宇2016年的作品

图6-56 郭培2019年春夏高定系列

图6-57 “盖娅传说”品牌的时装（2022年）

图6-58 Giorgio Armani2022年秋冬时装系列

肚兜的造型极具特色，也具有悠久的历史，随着我国经济和文化的崛起，越来越多的年轻设计师喜欢从我国文化中寻找灵感来源，以发扬肚兜的文化精神。例如图6-59所示以肚兜形式结合苗族服饰图案与配饰进行的《苗腾少女》泳装系列设计。

图6-59 《苗腾少女》泳装系列设计

[1] 米里埃尔·巴尔比耶（法）、萨佳·布歇（法）.内衣的故事（女士篇）[M].李银、李媛，译.杭州：浙江摄影出版社，2016.

[2] 肖恩·科尔（英）.内衣的故事（男士篇）[M].胡彧瑞、李学佳、赵晖，译.杭州：浙江摄影出版社，2016.

[3] 安娜·扎泽（法）.离心最近：百年内衣物语[M].周瑛、邓毓珂，译.北京：中国华侨出版社，2012.

[4] 潘健华.荷衣蕙带：中西方内衣文化[M].北京：人民美术出版社，2012.

[5] 瓦莱丽·斯蒂尔.内衣：一部文化史[M].帅英，译.天津：百花文艺出版社，2004.

[6] 沈雁、张国伟主编.她的秘密：西方内衣展[M].杭州：中国丝绸博物馆，2017.

[7] 黄强.中国内衣史[M].北京：中国纺织出版社，2008.

[8] 露西·阿德灵顿（英）.历史的针脚：我们的衣着故事[M].能佳树，译.重庆：重庆大学出版社，2018.

[9] 陈建辉.家居服设计[M].上海：东华大学出版社，2008.

[10] 潘健华.肚兜寄情文化史[M].上海：上海大学出版社，2014.

[11] 季晓芬.近代肚兜掠影[M].北京：中国纺织出版社，2020.

[12] 梁惠娥、崔荣荣、贾蕾蕾.汉族民间文化服饰文化[M].北京：中国纺织出版社，2018.

[13] 潘健华.云缕心衣[M].上海：上海古籍出版社，2005.

[14] 潘健华.女红：中国女性闺房艺术[M].北京：人民美术出版社，2009.

[15] 布丽吉特·戈维尼翁（法）.了不起的裤裤[M].北京：中信出版社，2016.

[16] 凯伦.W.布莱斯勒、凯罗林·纽曼、吉莉安·普劳科特.百年内衣[M].秦寄岗，屈连胜，译.北京：中国纺织出版社，2000.

[17] Eleri Lynn. Fashion in detail underwear. London：V & A publishing，2014.

[18] Denis Bruna.Fashioning the body：an intimate history of the silhouette. New Haven Connecticut：Yale University Press 2015.

[19] Frank Matthias Kammel. Structuring fashion. Johannes Pietsch（editors）. Munich：Hirmer Verlag GmbH，2019.

[20] Anna Cryer.Vogue essential：lingerie. London：Conran Octopus Ltd，2019.

[21] Jill Salen，Corset：historic patterns and techniques. Batsford，2008.

[22] Sarah kennedy. Vintage swimwear：a history of twentieth-century fashions. London：Carlton Books，2010.